HOLGER DAMBECK

Numerator

Buch

Alles, was zählt ... Ob wir es wollen oder nicht, fortwährend begegnet uns Mathematik im Alltag: etwa wenn wir beim Schlussverkauf die Prozente ausrechnen, an der Supermarktkasse über das Geheimnis des Strichcodes grübeln, bei der Tourenplanung in den Bergen, beim Fußball oder auch beim Lottospielen. Dass mathematische Logik, Algebra und Geometrie keineswegs dröge und weit weniger abstrakt sind, als viele glauben, zeigt der SPIEGEL-ONLINE-Redakteur Holger Dambeck anhand anschaulicher Knobel-Geschichten und zahlreicher Beispiele aus der Praxis. Hier kommen die Klassiker der Mathematik zur Sprache wie der Satz des Pythagoras oder Binomische Formeln ebenso wie die verblüffende Fahrplanoptimierung der Berliner U-Bahn mit Sudoku-Technik. Und dass das neben ausgewiesenen Spezialisten auch den interessierten Laien packen kann, beweist Holger Dambeck höchst überzeugend mit kuriosen Anekdoten und bunten Geschichten aus der Wunderwelt der Zahlen.
Spielerisch zeigt er, was die Mathematik alles zu bieten hat, verführt Mathe-Muffel zum Mitrechnen und begeistert alle Numerator-Fans mit neuen Herausforderungen.

Autor

Holger Dambeck, Jahrgang 1969, hat Physik studiert und arbeitet seit 2004 bei SPIEGEL ONLINE. Zuvor war er Redakteur beim Computermagazin c't und heise online. Bereits als 16-Jähriger trat er bei Mathematikolympiaden zum Lösen kniffeliger Aufgaben an. In der SPIEGEL-ONLINE-Zahlenkolumne »Numerator« schreibt er seit 2006 über die Wunderwelt der Mathematik.

www.spiegel.de/numerator

Holger Dambeck

Numerator

Mathematik für jeden

GOLDMANN

FSC

Mix
Produktgruppe aus vorbildlich
bewirtschafteten Wäldern und
anderen kontrollierten Herkünften

Zert.-Nr. GFA-COC-001223
www.fsc.org
© 1996 Forest Stewardship Council

Verlagsgruppe Random House FSC-DEU-0100
Das FSC-zertifizierte Papier *Lux Cream* für dieses Buch
liefert Stora Enso Publication Papers Oy Ltd, Finnland

3. Auflage
Originalausgabe September 2009
Copyright © 2009
by Holger Dambeck / SPIEGEL ONLINE GmbH
Copyright © dieser Ausgabe 2009
by Wilhelm Goldmann Verlag, München,
in der Verlagsgruppe Random House GmbH
Umschlaggestaltung: UNO Werbeagentur, München
Umschlagabbildungen/Collage:
Getty Images/Angelo Cavalli (200441562-001 RF),
Getty Images/Dorling Kindersley (71516084)
und plainpictures/Blasius (p2100332)
Redaktion: Wiebke Rossa
KF · Herstellung: Str/JR
Satz: dtp im Verlag, Jana Riedl
Druck und Bindung: CPI – Clausen & Bosse, Leck
Printed in Germany
ISBN: 978-3-442-15572-9

www.goldmann-verlag.de

Inhalt

Vorwort
von Albrecht Beutelspacher

»In Mathe war ich immer schlecht!« Mit diesem Satz hatte man jahrzehntelang die Sympathien auf seiner Seite. Nur zu oft haben Politiker bei der Eröffnung einer Mathematiktagung diesen Satz benutzt, und obwohl die Mathematiker nur gequält lächeln konnten, war den Rednern das Mitgefühl aller anderen sicher.

Aber die Zeiten haben sich geändert. Als bei der Abschlussveranstaltung des Jahrs der Mathematik im Dezember 2008 die Kultusministerin des größten deutschen Bundeslandes mit einem ähnlichen Satz einen billigen Erfolg einheimsen wollte, wurde sie gnadenlos ausgebuht.

Inzwischen haben sich nämlich auch in Deutschland zwei Tatsachen rumgesprochen: Erstens, dass Mathematik nicht nur »irgendwie nützlich« ist, sondern dass Mathematik eine, wenn nicht überhaupt die moderne Schlüsseltechnologie ist. In der Tat würde kein modernes Produkt ohne Mathematik funktionieren: keine DVD, kein Navigationssystem, kein Handy. Und zweitens, dass Mathematik unglaublich spannend und interessant ist. Das beweisen täglich Millionen von Menschen, ohne es zu wissen und vielleicht ohne es zu wollen, zum Beispiel all diejenigen, die ein Sudoku lösen. Aber auch die enorm erfolgreichen Mathematikausstellungen,

Vorträge und Präsentationen im Jahr der Mathematik und darüber hinaus sprechen eine deutliche Sprache.

Das vorliegende Buch mit den besten Numerator-Kolumnen aus SPIEGEL ONLINE und vielen ganz neuen Artikeln macht die Vielfalt der Mathematik deutlich. Es geht um Innermathematisches wie Primzahlen und Pi, um Anwendungen wie Warteschlangen und optimierte Fahrpläne, oder auch um die uns alle interessierende Frage, um wie viele Ecken wir mit Barack Obama bekannt sind. Sie sehen: Es ist nicht nur für jeden etwas dabei, sondern alle Artikel enthalten mathematisch Substantielles – und sie sind so geschrieben, dass sie uns alle fesseln. Kein Wunder, dass die Numerator-Kolumne auf SPIEGEL ONLINE stets sehr hohe Zugriffszahlen hat. Auch das ist ein Zeichen dafür, dass die Mathematik in einem besseren Licht dasteht als noch vor zehn Jahren.

Das Buch hat den Vorteil, dass Sie es nicht systematisch von vorne nach hinten durcharbeiten müssen. Sie können jeden Artikel für sich lesen. Glauben Sie mir: Auch wenn Sie das Buch an einer beliebigen Stelle aufschlagen, werden Sie anfangen zu lesen und an dem Artikel »hängen bleiben«. Viel Vergnügen!

Professor Dr. Albrecht Beutelspacher,
Gießen im Mai 2009

Einleitung

Ist Mathematik spannend? Ich kann diese Frage nur mit Ja beantworten. Und zwar nicht nur, weil mich das Jonglieren mit Zahlen, Funktionen und Dimensionen schon als Schüler fasziniert hat. Sondern auch, weil ich mitbekomme, wie viele Leser von SPIEGEL ONLINE sich für Artikel über Mathematik interessieren. Die Texte landen in der Klickstatistik häufig unter den Top 3, manchmal sogar ganz oben!

Seit Anfang 2006 schreibe ich als Numerator regelmäßig Mathematikkolumnen für SPIEGEL ONLINE, mehr als 30 Texte sind seitdem erschienen. In den Kolumnen geht es um verblüffende Erkenntnisse und neue Einsichten von Forschern, die nicht einmal zwangsläufig Mathematiker sein müssen. Auch Insektenforscher beschäftigen sich mit mathematischen Fragen, etwa ob Bienen genauso gut zählen können wie Menschen (Ja, das können sie – siehe Seite 21ff.).

An spannenden Themen herrscht kein Mangel, denn die Mathematik ist keine abgeschlossene, vollendete Wissenschaft. Viele Fragen sind nach wie vor ungeklärt – und immer wieder erleben Forscher Überraschungen. Beispielsweise haben Mathematiker festgestellt, dass sich Sportrekorde unter Umständen mit einer simplen Formel vorhersagen lassen (Seite 137ff.).

Verblüffend ist auch, welche mathematischen Werkzeuge

die Suchmaschine Google nutzt. Die Formel zur Page-Rank-Berechnung etwa erscheint zunächst simpel. Bei 30 Milliarden Webseiten entspricht sie jedoch einem Gleichungssystem mit 30 Milliarden Unbekannten, das immer wieder gelöst werden muss (Seite 77ff.).

Mathematik muss nicht kompliziert, sie kann auch schlicht und elegant sein. Der britische Mathematiker Godfrey Harold Hardy meinte sogar, dass es auf Dauer keinen Platz für hässliche Mathematik gibt. Und als wollten sie seine Vision bestätigen, suchen manche Forscher auch immer wieder nach besonders schönen Beweisen (Seite 71ff.).

In dem Buch, das Sie in den Händen halten, sind Artikel aus meiner Numerator-Kolumne und neue, eigens dafür geschriebene Texte zusammengefasst. Im Anhang werden einige mathematische Fachbegriffe, die im Buch vorkommen, noch einmal kurz erklärt. Weil Mathematik aber auch ganz viel mit Ausprobieren, Knobeln und Grübeln zu tun hat, finden Sie verstreut über das ganze Buch leichte, verzwickte und teils sehr anspruchsvolle Aufgaben – Lösungen inklusive.

Viel Spaß dabei!

Holger Dambeck

Das kann doch nicht so schwer sein!

Muss man wahnsinnig begabt sein, um Mathe zu mögen? Oder reicht ein Händchen für Zahlen? Ich glaube, das Wichtigste ist die Begeisterung in einem selbst. Und die lässt sich ganz gezielt wecken.

Im Alter von neun, zehn Jahren hatte ich mit Mathematik wenig am Hut. Besonders schnell rechnen konnte ich nicht – da waren Klassenkameraden deutlich besser. Im Bankrechnen, bei dem immer der einen Tisch weiterrücken durfte, der am schnellsten eine Aufgabe im Kopf gelöst hatte, waren es stets andere, die es am weitesten brachten.

Trotzdem bin ich im Alter von 16 Jahren der Mathematik verfallen. Schuld war ein Wettbewerb – die Mathematikolympiade. In der DDR, wo ich aufgewachsen bin, gehörten regelmäßige Wettstreite zum Schulalltag – nicht nur im Sport, sondern auch in Sprachen oder Naturwissenschaften. Die Mathematikolympiaden waren stramm durchorganisiert bis ins letzte Dorf. Alle Schüler mussten dieselben Aufgaben lösen. In sämtlichen Schulen landesweit wurden die Briefe mit den Aufgaben am selben Tag zur selben Zeit geöffnet – wie bei einer zentralen Abschlussprüfung.

Was für Aufgaben waren das? Manche ähnelten denen, die Abiturienten in der Prüfung gestellt bekamen. Andere aber waren typische Knobelaufgaben. Und gerade die machten mir besonderen Spaß. Ein Beispiel:

Sie wollen sich aus einem Holzwürfel einen Zauberwürfel bauen. Dazu müssen Sie ihn in 27 gleich große Miniwürfel zersägen. Wie viele Schnitte brauchen Sie mindestens? Sie dürfen nach jedem Schnitt die Einzelteile des Würfels so hintereinander legen, wie Sie wollen – können also mit einem Schnitt auch mehrere Teilstücke zerlegen. Erlaubt sind aber nur gerade Schnitte.

Als Knobelanfänger steht man zunächst hilflos vor einer solchen Aufgabe. Würfelstücke, die man beliebig hintereinander legen kann? Gibt es da nicht Hunderte verschiedene Varianten? Soll man die wirklich alle einzeln untersuchen? Warum überhaupt?

© AP

Rubiks Zauberwürfel

Wenn man gern knobelt, dann erübrigt sich die letzte Frage, und man fängt einfach an, nach einer Lösung zu suchen. So habe ich es zumindest gemacht und hatte viel Spaß dabei: Auf Anhieb schaffte ich es von der Schul- über die Kreis- und Bezirksolympiade bis zum DDR-Finale in Erfurt. Dort zerbrachen sich dann zwei Tage lang die zweihundert besten jungen Mathematikerinnen und Mathematiker des Landes den Kopf.

Über mangelnde Motivation brauchte sich niemand Sorgen zu machen. Die Sieger des Wettbewerbs wurden zur Internationalen Mathematikolympiade geschickt – und die fand häufig in Ländern statt, die für den normalen DDR-Bürger unerreichbar waren. Einmal rauskommen – davon träumten selbst die besten Matheasse.

Wie lief der Wettbewerb ab? Taschenrechner oder Formelsammlungen waren verboten. Die Formel für das Volumen eines Kegels oder einer Kugel musste man im Kopf haben, sollte sie je gebraucht werden. Das hat mich damals aber nicht groß beunruhigt, denn in der allergrößten Not hätte ich mir die Formel in zehn Minuten selbst hergeleitet.

Besonders weit kam ich übrigens nicht in Erfurt. Nur zwei der sechs Aufgaben konnte ich überhaupt lösen, eine weitere zur Hälfte. Mit 17 von 40 möglichen Punkten landete ich im Mittelfeld. Aber ich hatte Blut geleckt. Vor scheinbar unlösbaren Aufgaben hatte ich keinen Respekt mehr. Ich wusste: Irgendwo gibt es immer einen Hebel, einen Ansatzpunkt, um ein Problem zu knacken.

Das gilt natürlich auch für die Zauberwürfelaufgabe. Man kann die Lösung buchstäblich sehen, wenn man nur genau genug hinschaut (mehr zum Sehen von Lösungen im folgenden Kapitel). Es ist offensichtlich, dass sechs Schnitte genügen, damit die gesuchten 27 Miniwürfel auf dem Tisch liegen. Man schneidet von einer Seite aus zwei Mal, dreht den Würfel um 90 Grad nach rechts (oder links) und schneidet wieder zwei Mal, das Ergebnis sind neun längliche Quader. Dann muss der Würfel um 90 Grad gekippt werden – und es folgen zwei weitere Schnitte. Die neun Quader zerfallen in die 27 Miniwürfel.

Guter Schlaf

Ein Ingenieur und ein Mathematiker übernachten in einem Hotel, und dummerweise brechen in ihren beiden Zimmern Feuer aus. Als der Ingenieur das Feuer bemerkt, nimmt er den Feuerlöscher und erstickt es im Keim. Der Mathematiker wacht auf, sieht das Feuer in seinem Zimmer und entdeckt den Feuerlöscher. Er stellt fest: »Das Problem ist lösbar«, dreht sich um und schläft weiter.

So weit, so gut. Aber gelingt es auch mit weniger als sechs Schnitten? Vielleicht durch geschicktes Umlegen? Die Antwort steckt genau in der Kubusmitte. Der Miniwürfel im Zentrum hat genau sechs Außenflächen, die alle durch jeweils einen Schnitt entstehen. Egal, wie man die bei den Schnitten entstehenden Teile auch legt, man braucht mindestens diese sechs Schnitte, um den Mittelwürfel herzustellen.

Fazit: Eine zunächst unübersichtliche Aufgabe kann eine

überraschend einfache Lösung haben. Man muss nur genau hinschauen.

Was mir damals als Schüler freilich noch nicht so klar war: Leider gibt es in der Mathematik auch Probleme, die sich nicht durch scharfes Nachdenken innerhalb weniger Stunden lösen lassen. Es kommt noch weitaus schlimmer: Manche Probleme sind sogar gänzlich unlösbar! Kurioserweise können Mathematiker dies oft sogar beweisen.

Was zunächst wie ein Beleg des eigenen Unvermögens erscheint, ist in Wahrheit ein Privileg: Wer sich wochen- oder gar jahrelang die Zähne an einer Aufgabe ausgebissen hat, weiß dann zumindest ganz genau, dass er nur scheitern konnte.

Ich kann die Lösung sehen!

Es hat noch nie geschadet, sich Dinge etwas genauer anzuschauen. Das gilt auch in der Mathematik. Der aufmerksame Betrachter kann sich eine Menge Arbeit ersparen, denn vielen Aufgaben kann man die Lösung regelrecht ansehen.

Heureka – ich hab's gefunden! Der plötzliche Geistesblitz, den Archimedes in der Badewanne erlebte, ließ ihn der Legende nach nackt auf die Straße eilen. Der griechische Gelehrte hatte beim Baden das Prinzip des Auftriebs von Körpern entdeckt, die ins Wasser getaucht werden.

Ja, es gab und gibt geniale Denker, die ein Problem, an dem andere sich die Zähne ausbeißen, durch eine Art spontane Eingebung lösen. Oft grübeln sie schon länger darüber – und plötzlich erscheint wie aus dem Nichts der Gedanke, der alles ganz einfach macht. Häufig wirkt das Problem angesichts der gefundenen Lösung dann geradezu banal.

Lösungen mathematischer Aufgaben sehen – das kann im Prinzip jeder. Man muss sich nur auf das Problem einlassen – und natürlich sollte das Problem selbst nicht allzu schwierig sein. Denn bei aller Intuition und Eingebung: Wem fällt schon spontan ein über Dutzende Seiten gehender Beweis ein?

Ein Beispiel für eine Lösung, die man buchstäblich sehen

kann, ohne rechnen zu müssen, ist die Summenformel der ungeraden natürlichen Zahlen von 1, 3, 5,... bis (2n+1). Solange n klein ist, braucht man natürlich keine Formel. Im Fall n=2 beispielsweise ist die Summe 1+3+5=9. Doch wenn n in die Tausende oder Millionen geht, wird das sture Addieren zur Qual.

Wie aber findet man die Summenformel? Es gibt verschiedene Wege, ein besonders anschaulicher nutzt quadratische Kästchen, die man erstaunlicherweise leicht durchzählen kann. Die Zahl 1 wird durch ein Kästchen repräsentiert. Die Zahlen von 3 bis 2n+1 werden dann durch einen Winkel dargestellt, der aus 3, 5, ... 2n+1 Kästchen gebildet wird. Ordnet man die Winkel so wie in der Skizze unten, dann ist die Aufgabe schon fast gelöst.

Was sehen wir? Die Kästchen bilden ein Quadrat mit der Seitenlänge n+1. Die Anzahl der Kästchen, und damit die gesuchte Summenformel, ist deshalb $(n+1)^2$.

Ganz ähnlich findet man die Summenformel für die natürlichen Zahlen von 1 bis n. Auch hier offenbart die Darstellung in Kästchen die gesuchte Formel. Man setzt die Kästchen einfach untereinander – so wie in der Zeichnung für das Beispiel n=6 zu sehen.

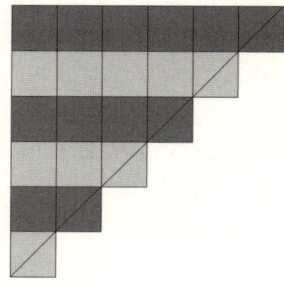

Als nächstes verbinden wir die linke untere Ecke des Kästchens links unten mit der rechten oberen Ecke des Kästchens rechts oben. Diese Linie vereinfacht das Problem: Die Summe aller Kästchen setzt sich zusammen aus der Hälfte eines vollständigen Quadrats der Seitenlänge n, also $\frac{n^2}{2}$, und den n halben Kästchen auf der rechten Seite der Linie.

Damit steht die Summenformel fest:

$$\frac{n^2}{2} + \frac{n}{2} = \frac{n(n+1)}{2}$$

Eine andere Aufgabe kommt aus der Geometrie: Nehmen Sie sich ein x-beliebiges Dreieck, und zeichnen Sie darin einen Kreis so ein, dass er alle drei Seiten von innen berührt. Sie dürfen dazu nur Zirkel, Bleistift und Lineal verwenden.

Auf den ersten Blick wirkt die Aufgabe schwierig: Wenn Sie anfangen, die Zirkelspitze freihändig im Dreieck zu positionieren, dann bekommen Sie die genaue Konstruktion auf keinen Fall hin. Legen Sie den Zirkel erst noch mal zur Seite, und schauen Sie sich das Dreieck genauer an. Was zeichnet den Mittelpunkt des gesuchten Kreises aus?

Betrachten wir zunächst den einfacheren Fall eines Winkels, in dessen Inneres ein Kreis gezeichnet ist, der beide Schenkel des Winkels berührt, aber nicht schneidet. Der Mittelpunkt dieses Kreises muss auf der Winkelhalbierenden liegen, ansonsten könnte der Kreis nicht zugleich beide Schenkel berühren.

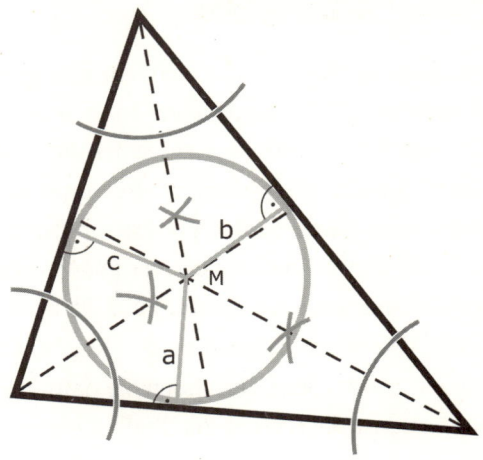

Dies gilt natürlich auch für den gesuchten Mittelpunkt des Kreises in unserem Dreieck. Er liegt im Schnittpunkt der drei Winkelhalbierenden. Und diese schneiden sich tatsächlich immer genau in einem Punkt. Warum?

Schauen wir uns die Halbierenden zweier Winkel des Dreiecks an. Sie treffen sich in einem Punkt, an dem der senkrechte Abstand zu den Seiten a und b gleich ist, jedoch auch der Abstand zu b und c. Daraus folgt, dass der Schnittpunkt zugleich auf der Winkelhalbierenden des dritten Winkels liegen muss, denn auch der Abstand des Punktes zu c und a ist gleich. Also schneiden sich die drei Winkelhalbierenden tatsächlich in einem Punkt.

∑ »Jede mathematische Formel in einem Buch halbiert die Verkaufszahl dieses Buches.«

Stephen Hawking, britischer Astrophysiker

Um den gesuchten Kreis einzuzeichnen, genügen also zwei Winkelhalbierende. Diese konstruiert man mit dem Zirkel. Nehmen Sie eine Strecke etwas kleiner als die kürzeste Seite des Dreiecks in den Zirkel, stechen Sie die Spitze in einen Eckpunkt, und zeichnen Sie die Schnittpunkte mit den beiden Dreiecksseiten ein, die den Winkel bilden. Verändern Sie die Zirkeleinstellung nicht, und zeichnen Sie um die beiden Schnittpunkte je einen Kreis. Den Schnittpunkt beider Kreise auf der dem Eckpunkt abgewandten Seite verbinden Sie dann mit dem Eckpunkt – und fertig ist die erste Winkelhalbierende.

Dieses Verfahren wiederholen sie dann noch für einen zweiten Winkel. Der Schnittpunkt der beiden so konstruierten Winkelhalbierenden ist der gesuchte Kreismittelpunkt.

Auch bei dieser Aufgabe ist die Lösung offensichtlich, wenn man nur genau genug hinschaut. Das ist bei nicht wenigen Problemen der schnellste Weg zur Lösung.

∫ ## Knobeln, Grübeln, Ausprobieren

Finden Sie alle natürlichen Zahlen a, b und c, welche die Gleichung $a^2+b^2=4c+3$ erfüllen!

Die Zählkünste von Mensch und Tier

Das Phänomen ist verblüffend: Waschbären, Singvögel und Affen können Mengen weniger Gegenstände genauso gut erfassen wie Menschen. Doch der Mensch wäre nicht der Mensch, wenn er nicht einen Trick entwickelt hätte, um seine Zählkünste aufzupeppen.

Eins, zwei, drei, viele – so zählen kleine Kinder. Auch Erwachsene greifen zu einem solchen Zähltrick, wenn die Zeit knapp ist. Der britische Ökonom William Stanley Jevons war einer der Ersten, der die Fähigkeit zum intuitiven Zählen genauer untersucht hat. Vor fast 140 Jahren führte er sein berühmtes Bohnenexperiment durch. Er ließ Versuchspersonen kurz in eine Schachtel blicken und anschließend die Zahl der darin befindlichen Bohnen schätzen. Ab fünf und mehr Bohnen konnten seine Probanden die Menge nur dann exakt nennen, wenn sie länger in die Schachtel sehen und die Bohnen zählen durften.

Mengen aus bis zu vier Gegenständen auf einen Blick erfassen und voneinander unterscheiden kann allerdings nicht nur der Mensch. In diversen Experimenten mit Tauben, Dohlen, Waschbären, Delfinen, Affen, Singvögeln und Salamandern stellten Wissenschaftler immer wieder fest: Bis vier klappt es problemlos, ab fünf ist Schluss.

Ein kurioses Ergebnis. Denn es gilt nicht nur für Wirbeltiere aller Art. Anfang 2009 berichteten Würzburger Biologen über verblüffende Zählexperimente mit Honigbienen: Auch die Fluginsekten können vier von drei unterscheiden. »Damit haben wir erstmals nachgewiesen, dass auch wirbellose Tiere zahlenkompetent sind«, sagt Jürgen Tautz, Professor am Biozentrum der Universität Würzburg.

In dem Experiment ließen die Forscher die Bienen zu zwei nebeneinander stehenden Tafeln fliegen. Auf der einen waren beispielsweise zwei Objekte abgebildet, auf der anderen drei.

© DPA

Biene: Zahlenkompetent wie der Mensch

Jede der Tafeln hatte außerdem ein Loch, aber nur hinter einer wartete eine Belohnung auf die Bienen: ein Schälchen mit zuckersüßem Wasser. Schnell hatten die Insekten gelernt, wo das Futter versteckt war, und steuerten fortan zielgerichtet die Tafel mit den drei Objekten an. Das änderte sich auch nicht, als die Biologen die Anordnung der Tafeln sowie Farbe und Form der darauf abgebildeten Objekte änderten.

Rechenkünstler

$\sqrt{}$ Es gibt drei Arten von Mathematikern: Die, die zählen können, und die, die nicht zählen können.

Den Versuch wiederholten die Forscher immer wieder. Sie trainierten die Bienen auf Tafelpaare mit anderen Mengen, etwa mit drei und vier Objekten. Stets fanden die Bienen schnell heraus, zu welcher Tafel sie fliegen mussten. Erst bei Tafelpaarungen mit vier und fünf oder mehr Objekten scheiterten sie. Ähnlich wie die Versuchspersonen im Bohnenexperiment von William Stanley Jevons.

Warum aber können Mensch wie Tier kleine Mengen so präzise abschätzen? Es erscheint plausibel, dass diese Fähigkeit über Leben und Tod entscheiden kann. Wer blitzschnell erkennt, dass nicht zwei, sondern drei Konkurrenten in der Höhle lauern, weiß sofort, ob er einen Angriff riskieren kann oder besser flüchtet. Warten sechs oder sieben Wölfe vor der Höhle, dann ist ihre genaue Anzahl weniger wichtig.

Eine solche Abwägung könnte auch die Zählkünste der Bienen erklären, glauben die Würzburger Forscher. Womöglich hilft die Fähigkeit den Insekten, um schnell die Zahl der Blüten an einem Zweig oder die Zahl anderer Bienen auf einer Blüte zu erfassen. Landen oder Durchstarten? Diese Entscheidung wäre dann leichter zu fällen.

Der moderne Mensch hat übrigens einen Weg gefunden, auch Mengen größer als vier auf einen Blick zu erfassen – zumindest in der Schrift. Beim Übergang von der Zahl 4 zur Zahl 5 gibt es nämlich in vielen antiken Hochkulturen einen »auffallenden Bruch«, wie der Würzburger Forscher Hans Joachim Gross sagt. Gross verweist auf die Römer. Diese haben die Ziffern 1 bis 8 zu Beginn so geschrieben: I, II, III, IIII, V, VI, VII, VIII. Ganz ähnlich seien auch die Maya in Mittelamerika vorgegangen, ihre Zahlen von 1 bis 8 sahen so aus:

•, ••, •••, ••••, ━━ , ▬•▬ , ▬••▬ , ▬•••▬

In diesen Hochkulturen mit einem entwickelten Kalender- und Rechnungswesen habe man, auf welche Weise auch immer, verstanden, dass Menschen Mengen bis vier Objekte problemlos erfassen könnten, sagt der Biochemiker. Bei fünf Punkten oder Strichen müsse man hingegen zählen. »So hat man für die Zahl fünf eigene, neue Zeichen erfunden«, erklärt der Wissenschaftler.

Einen solchen Trick nutzt der Mensch noch heute, wenn er Strichlisten führt. Bis zur Zahl vier macht er jeweils einen senkrechten Strich (I bis IIII). Aber statt IIII für fünf zu schreiben, streicht er einfach die IIII mit einem Querstrich durch. So ist ein neues Zeichen entstanden, welches das Abzählen von fünf Strichen erspart.

»Die Erfindung eines eigenen, neuen Zeichens für die Fünf beziehungsweise die Zehn macht es dem Menschen möglich, auch Zahlen wie VII und VIII auf einen Blick als sieben oder acht zu erkennen – ohne zählen zu müssen«, sagt Gross. Auf diese Weise könne man erheblich schneller rechnen.

Womit der Mensch einmal mehr bewiesen hat, dass er mit einem simplen Trick über sich hinauswachsen kann.

Knobeln, Grübeln, Ausprobieren

Beim Doppelkopf hat Stefan 5 Damen. Wie viele verschiedene Zusammenstellungen von 5 Damen des Doppelkopfblattes gibt es überhaupt? Das Doppelkopfblatt besteht aus den 4 Farben Kreuz, Pik, Herz und Karo. Weil jede Karte doppelt vorhanden ist, gibt es genau 8 Damen im Spiel. Zusammenstellungen sind genau dann verschieden, wenn sie sich für mindestens eine Farbe in der Anzahl der Damen dieser Farbe unterscheiden.

Fünfjährige rechnen mit dem Bauch

Vorschulkinder haben Mathematik gegenüber kaum Berührungsängste. Sie können sogar schon rechnen, obwohl sie es noch gar nicht gelernt haben. Steckt tief in uns Menschen ein verborgenes Gefühl für Zahlen?

Bizarre Situation an der Supermarktkasse: Im Einkaufswagen liegen drei Artikel. Statt die Preise einzeln einzutippen, schätzt die Verkäuferin einfach Pi mal Daumen, wie viel zu bezahlen ist: »15 Euro, bitte!« Nicht nur der Supermarktchef und die Kunden, auch strenge Mathematiklehrer wären entsetzt: Wozu das Einmaleins pauken, wenn man dann doch eher aufs Bauchgefühl vertraut?

Elizabeth Spelke von der Harvard University möchte die Kassen in Supermärkten nicht abschaffen. Aber sie will, dass dem Gefühl für Zahlen mehr Beachtung geschenkt wird, über das schon Vorschulkinder verfügen. In einer Studie hat die Psychologin gemeinsam mit zwei Kolleginnen die erstaunliche Entdeckung gemacht, dass Fünfjährige bereits grob richtig rechnen können, ohne dies je gelernt zu haben. Dieses Zahlengefühl könnte Kindern sogar den Zugang zu Mathematik erleichtern, glaubt Spelke.

Schüler im Matheunterricht: Gefühltes und gerechnetes
Ergebnis

Die Wissenschaftler haben das Zahlenverständnis von Vorschul-
kindern untersucht, indem sie ihnen Bildchen von Bonbons, Stik-
kern, Keksen oder Spielsachen zeigten. Auf diese Gegenstände
waren Zahlen im Bereich von 5 bis 98 aufgedruckt. Mithilfe
dieser Anordnung wurden dann Rechenaufgaben fürs Addieren,
Subtrahieren und zum Vergleichen von Zahlen gestellt.

Eine Subtraktionsaufgabe war beispielsweise »Sarah hat 64 Kekse und gibt 13 ab. John hat 34 Kekse. Wer hat mehr?« Obwohl die Kinder weder Rechenregeln noch den Umgang mit numerischen Zahlensymbolen und die Logik von Zahlensystemen gelernt hatten, waren ihre Antworten zu 65 Prozent richtig. Das sei weit mehr, als es allein durch Zufall oder bloßes Raten zu erklären sei, erklären die Forscher. Die Kinder hätten eine intuitive Fähigkeit, Zahlen und Mengen einzuschätzen und zu verknüpfen. Das Ergebnis habe sie selbst überrascht, bekennen die Wissenschaftler.

Ähnliche Rechenkünste sind bereits von den Munduruku bekannt, einem indigenen Volk in Brasilien. Sie besitzen nur ein eingeschränktes Vokabular für Zahlen. Trotzdem können sie Mengen mit deutlich mehr als zwei Elementen vergleichen oder addieren.

> Σ »Von allen, die bis jetzt nach Wahrheit forschten, haben die Mathematiker allein eine Anzahl Beweise finden können, woraus folgt, dass ihr Gegenstand der allerleichteste gewesen sein müsse.«
>
> René Descartes,
> französischer Philosoph und Mathematiker

Auch Affen können beispielsweise 20 und 30 Punkte miteinander vergleichen. Die fünfjährigen Studienteilnehmer aus Boston besäßen die gleichen Fähigkeiten wie Rhesusaffen und Erwachsene in einem abgelegenen Amazonasdorf, sagt Spelke.

Die Psychologin, eine der weltweit renommiertesten Forscherinnen auf dem Gebiet, beschäftigt sich schon seit längerem mit der Frage, wie man die Vermittlung von Mathematik verbessern kann. Das Erlernen des Einmaleins sei für Kinder langwierig und schwierig, sagt sie, und die Schulmathematik lasse nur die eine exakte Lösung einer Additions- oder Subtraktionsaufgabe zu. Die nun bei Vorschülern nachgewiesene Fähigkeit zum intuitiven, wenngleich nicht exakten Rechnen könne möglicherweise den Einstieg in die Mathematik erleichtern helfen.

Wenn Kinder Probleme beim Rechnen haben, dann können laut Spelke zwei Dinge passieren. Entweder machen sie nur einen kleinen Fehler, vergessen zum Beispiel ein Additionszeichen und erhalten deshalb ein falsches Endergebnis. Oder aber sie werden generell frustriert und sagen sich: Ich kann das nicht. In beiden Fällen könne das Gefühl für näherungsweise richtiges Rechnen helfen.

Entweder merken die Kinder dann schnell, dass ihr Ergebnis nicht stimmen kann, weil es viel zu weit von der Schätzung entfernt ist. Oder die bisher kaum genutzte Fähigkeit des Schätzens hilft ihnen, das Vertrauen in die eigenen Fähigkeiten zu stärken und sich zu sagen: Ich kann mit Zahlen umgehen.

In jedem Fall zeigt die Studie mit den Fünfjährigen: Die Fähigkeit zum Rechnen steckt tiefer in uns, als wir vielleicht denken. Das mag mancher sogar als bedrohlich empfinden, der sich in seiner Mathephobie gut eingerichtet hat. Doch warum sollte man nicht einfach öfter in sich hineinhorchen? Womöglich rechnet da ja jemand, den man bislang nicht kennt.

Auch an der Supermarktkasse kann das Bauchrechnen helfen: So merkt man meist sofort, wenn sich der Kassierer mal vertippt hat.

∫ **Knobeln, Grübeln, Ausprobieren**

Sie würfeln zweimal hintereinander. Was ist wahrscheinlicher: Dass Sie zwei Sechsen haben oder dass Sie erst eine Sechs und dann eine Eins würfeln?

Warum die meisten Zahlen mit 1 beginnen

Aktienkurse, Einwohnerstatistiken, Zeitungsauflagen – das Leben ist voller Zahlen, die scheinbar nichts miteinander zu tun haben. Doch es gibt ein Gesetz, dem all diese Zahlen folgen.

Was halten Sie von folgendem Spiel: Aus einer Liste mit allen US-Städten wählt ein Zufallsgenerator immer eine aus. Wenn die Einwohnerzahl dieser Stadt mit den Ziffern 1, 2 oder 3 beginnt, müssen Sie einen Euro bezahlen. Steht an erster Stelle aber eine der Ziffern von 4, 5, 6, 7, 8 oder 9, dann bekommen Sie einen Euro. Ist das nicht ein verlockendes Angebot?

In der Tat sieht das Spiel so aus, als könnten Sie damit reich werden. Schließlich gewinnen Sie bei sechs verschiedenen Anfangsziffern und verlieren nur bei drei. Statistisch gesehen sollte der Gewinn doppelt so groß sein wie die Summe, die sie verlieren.

Sollten Sie sich tatsächlich auf das Spiel einlassen, dann wären Sie am Ende des Tages jedoch um einige Euro ärmer. Denn die ersten Ziffern der Einwohnerzahlen von US-Städten verteilen sich keineswegs gleichmäßig über die Ziffern 1 bis 9. Vielmehr fangen rund 30 Prozent aller Zahlen aus der Liste mit 1 an, etwa 17 Prozent mit 2 und 12 Prozent mit 3. Macht zusammen etwa 60 Prozent.

Die Ziffer 9 taucht hingegen nur bei 4 Prozent aller Städte auf.

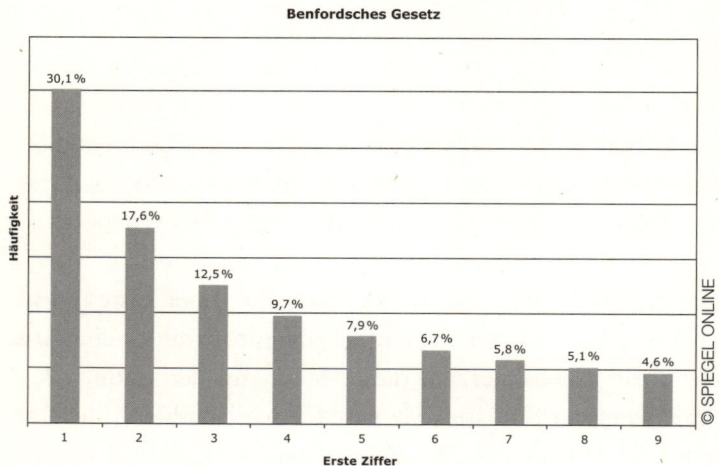

Benfordsches Gesetz

Gesetz der ersten Ziffer: Die Eins dominiert unangefochten

Entdeckt wurde dieses erstaunliche Phänomen 1938 von dem amerikanischen Elektroingenieur Frank Benford. In der Fachzeitschrift »Proceedings of the American Philosophical Society« legte er eine Analyse von mehr als 20.000 Zahlen vor. Egal, ob es sich um Einwohnerzahlen, physikalische Konstanten aus einen Tabellenwerk, die Auflagen von Zeitungen, Zahlen aus dem »Reader's Digest« oder die Entwässerungsgebiete von Flüssen handelte – stets waren die Zahlen nach einer Regel verteilt, die fortan Benfordsches Gesetz hieß.

Benford war allerdings nicht der Erste, dem die ungleiche Zahlenverteilung aufgefallen war. 1881 hatte der amerikanische Mathematiker und Astronom Simon Newcomb in seinen Logarithmentafeln entdeckt, dass die vorderen Seiten deutlich stärker abgegriffen waren als die hinteren. Als es noch keine Taschenrechner gab, waren Logarithmentafeln der schnellste Weg, um komplizierte Berechnungen durchzuführen. In den Tafeln befanden sich Zahlen, die mit 1 begannen, auf den ersten Seiten, jene mit 9 an erster Position waren ganz hinten zu finden. Die stärkere Abnutzung konnte sich Newcomb nur damit erklären, dass in seinen Berechnungen mit 1 beginnende Zahlen deutlich häufiger waren.

Inzwischen haben Wissenschaftler Daten aus allen möglichen Fachgebieten einer Benford-Analyse unterzogen. Nicht überall wurden sie fündig, beispielsweise nicht bei Telefonnummern und bei der Altersverteilung von Bewohnern eines Landes. Häufig bestätigte sich die Regel aber, etwa bei Aktienkursen, Umsatzzahlen, den Halbwertszeiten beim Alphazerfall von Nukliden und sogar bei all jenen Zahlen, die in der Bibel auftauchen.

Es ist übrigens auch egal, in welcher Einheit die Daten vorliegen. Euro, Yen oder Dollar bei Aktienkursen, Quadratkilometer oder Hektar bei den Überflutungsflächen von Flüssen – stets gehorchen die Zahlen dem Benfordschen Gesetz. Mathematiker bezeichnen dies als Skaleninvarianz.

Wie aber kommt die seltsame Verteilung der ersten Ziffern zustande? Eine plausible Erklärung gibt es für Aktienkurse. Nehmen wir an, ein Unternehmen wächst jedes Jahr um zehn Prozent. In derselben Größenordnung soll auch der Kurs des Wertpapiers steigen. Wenn das Papier am Anfang des ersten Jahres bei 100 steht, liegt der Kurs ein Jahr später bei 110, noch ein Jahr später bei 121, dann bei 133, danach bei 146 und so weiter. Wie man sieht, dauert es knapp zehn Jahre, bis das Papier die Marke von 200 erreicht.

Dann geht es allerdings schon deutlich schneller voran. Auf 200 folgen ein Jahr später 220 und noch ein Jahr danach 242. Bei einem Kurs von 900 vergeht nur etwas mehr als ein Jahr, bis die 1000er Marke geknackt ist, denn 900 plus zehn Prozent sind schon 990. Fazit: Der Kurs benötigt viele Jahre, bis er die 100er Werte verlässt. Je größer die erste Ziffer, umso schneller wechselt diese auch zur nächsthöheren. Bei einem Kurs von 1000 geht das Spiel wieder von vorne los.

Hauptsache billig

Der Uni-Präsident ist erbost über den hohen Etat des Fachbereichs Physik und schreibt dem Dekan: »Warum braucht ihr immer so viel Geld für Labore und teure Experimente? Warum könnt ihr nicht einfach wie die Mathematiker sein? Die brauchen nur Geld für Stifte, Papier und Papierkörbe. Oder besser noch wie die Philosophen - die brauchen nur Geld für Stifte und Papier!«

Das Benfordsche Gesetz könnte man also damit erklären, dass Zahlen relativ zu ihrer eigenen Größe wachsen (oder schrumpfen). Eine schlüssige Erklärung für jeden Datensatz ist das jedoch nicht. Was sollen beispielsweise Zerfallszeiten radioaktiver Isotope mit Wachstumsprozessen zu tun haben?

Wie oft im Leben, sind jene Dinge besonders interessant, die von einer weithin gültigen Regel abweichen. In der Bibel, deren Zahlen im Großen und Ganzen dem Benfordschen Gesetz folgen, taucht beispielsweise die 7 etwas öfter auf, als man es erwarten würde. Warum? Norbert Hungerbühler von der ETH Zürich erklärt die Häufung mit der biblischen Zahlensymbolik, in der die 7 eine dominante Stellung einnimmt. Die Schöpfungswoche hat 7 Tage, es gibt 7 Todsünden, im Vaterunser tauchen 7 Bitten auf.

Abweichungen von der Benford-Verteilung können sogar Hinweise auf Datenmanipulationen in wissenschaftlichen Studien oder Unternehmensbilanzen liefern. Einzelne Steuerbehörden in den USA nutzen eine solche Analyse bereits, um Indizien für Tricksereien zu finden.

Wie aussagekräftig eine gezielte Analyse von Datensätzen sein kann, hat ein Experiment mit Rechnungsdaten des WDR im Jahr 2006 gezeigt. Im Auftrag der Sendung »Quarks & Co« lieferte die WDR-Revisionsabteilung einer Wirtschaftsprüfungsgesellschaft leicht manipulierte Rechnungsdaten. Mal wurden in die rund 12.000 Posten mehrere Rechnungen eines Lieferanten bis auf knapp 5000 Euro erhöht. Ein scheinbar unauffälliges Vorgehen, schließlich müssen Lieferungen an den WDR erst ab 5000 Euro ausgeschrieben werden. Ein anderes Mal wurden wöchentlich fünf kleine Überweisungen von 70 bis 89 Euro eingefügt.

Den Prüfern von Ernst & Young, die eine spezielle Software zur Benford-Analyse nutzen, fielen beide Manipulationen auf. Im ersten Fall gab es »Auffälligkeiten« bei der 4, im zweiten Fall bei der Ziffer 7. Als in einem weiteren Test aber

20 Rechungen einfach doppelt verbucht wurden, schlug die Software keinen Alarm.

Mathematisch gewiefte Betrüger könnten das Benfordsche Gesetz im Prinzip sogar gezielt ausnutzen, um keinen Verdacht zu erregen. Sie sollten dann allerdings sehr gut mit Zahlen umgehen können, denn das Gesetz gilt nicht nur für die erste Stelle einer Zahl, sondern auch für die zweite.

∫ Knobeln, Grübeln, Ausprobieren

Die Polizei einer kleinen Stadt veröffentlicht eine Statistik, nach der 92 Prozent aller Verbrechen in schlecht beleuchteten Straßen stattfinden. In dieser Stadt sind 5 Prozent aller Straßen gut beleuchtet. In welcher Art von Straßen ereignen sich nach dieser Statistik mehr Verbrechen, in schlecht oder gut beleuchteten?

Verräterische Lieblingszahlen

Fast jeder Mensch hat eine Vorliebe für eine bestimmte Zahl. Die Deutschen sind eher Pragmatiker und wählen Geburtstage, Trikotnummern ihres Fußballidols oder die Null. In China hingegen sind Zahlen so bedeutend, dass sogar wichtige Termine verschoben werden, damit das Datum Glück verheißt.

Behörden haben keinen Sinn für schöne Zahlen. Seit 2007 besitzt jeder Deutsche eine elfstellige Steueridentifikationsnummer. Die ersten zehn Ziffern sind zufällig gebildet (die elfte errechnet sich als Prüfziffer aus den zehn vorhergehenden). Aussuchen kann man sich seine Nummer nicht. In der Warteschlange auf der Meldestelle oder auf dem Arbeitsamt – überall kriegt man irgendwelche Nummern zugeteilt, ohne gefragt zu werden, ob einem 145 oder 46 nun passt oder nicht.

Chinesen pflegen einen etwas anderen Umgang mit Zahlen. Die 6 wie auch die 9 gelten beispielsweise als Glückszahlen. Absoluter Liebling der Chinesen ist aber die 8, die so ähnlich ausgesprochen wird wie die Bezeichnung für baldigen Reichtum. Olympia in Peking wurde selbstverständlich am 8.8.08 eröffnet. Für Autokennzeichen und Handynummern mit möglichst vielen Achten wird im Reich der Mitte viel Geld geboten.

$\sum$ »Mathematik ist die perfekte Methode, sich selbst an der Nase herumzuführen.«

Albert Einstein, Physiker und Nobelpreisträger

Günstig sind hingegen Mobilfunkkarten mit einer 4. Die Zahl hört sich so ähnlich an wie das Wort für Tod. Häufig fehlen in Häusern sogar Etagen, in denen eine 4 vorkommt. Sie werden entweder umbenannt, etwa in 23A, oder ganz weggelassen. Das Gleiche gilt für Zimmernummern in Krankenhäusern. Wer will schon im Todeszimmer auf seine OP warten?

Was aber denken die Deutschen über Zahlen? Sind sie wirklich so nüchtern und pragmatisch wie ein Behördenmitarbeiter? Forscher der Universität Hamburg haben 3700 Grundschüler der Hansestadt nach ihren Lieblingszahlen befragt. Günther Krauthausen und seine Kollegen wollten aber nicht nur die Zahl wissen, sondern auch eine Begründung dafür.

Die Schülerfragebögen verblüfften die Forscher immer wieder. »Es gibt unwahrscheinlich kreative, ja geradezu philosophische Begründungen«, sagt Krauthausen. Besonders oft werden einstellige Zahlen genannt. Es gebe jedoch keinen eindeutigen Favoriten, berichtet der Erziehungswissenschaftler.

Verblüffend ist, mit welcher Begründung Hamburger Erstklässler beispielsweise die 23 auswählen. Während Erwachsene vielleicht an die Illuminati, Verschwörungstheorien oder den Hacker Karl Koch denken (siehe Seite 43ff.), haben die

Schüler etwas ganz anderes vor Augen: die Trikotnummer ihres Fußballidols Rafael van der Vaart, der zum Zeitpunkt der Umfrage noch für den HSV spielte.

Man solle das Wissen um Rückennummern nicht unterschätzen, sagt Krauthausen, »an anderer Stelle kann das 16.000 Euro wert sein«. Und dann erzählt er von einer Folge der TV-Sendung »Wer wird Millionär«. Darin wird nach Spielern gefragt, die bei Schalke und Bayern die Nummer 15 tragen. Fußball-Laien können hier wohl nur raten.

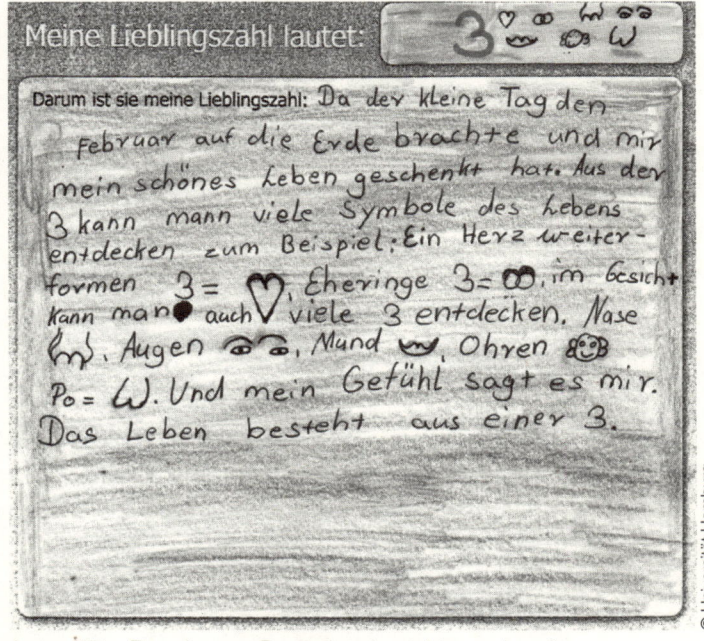

Ausgefüllter Fragebogen: Das Leben besteht aus einer 3

© Universität Hamburg

Fast 40 Prozent der Hamburger Schüler haben übrigens eine Zahl ausgewählt, die für ihr Alter oder ihren Geburtstag steht – dies war das am häufigsten genannte Kriterium. Mathematiklehrer dürfte freuen, dass immerhin 15 Prozent sich für eine Zahl wegen ihrer besonderen Eigenschaften entschieden haben. Etwa für die 2, weil es immer besser ist, Dinge doppelt zu haben. Oder die Kreiszahl Pi, »weil sie nie aufhört, wie die Mathematik«, wie eine Schülerin schrieb.

Bei fast zehn Prozent spielte Ästhetik die wichtigste Rolle. Die einen schwärmten von dem schönen Schwung in der geschriebenen 2, andere faszinierte die bauchige 8 (»sieht aus wie mein dicker Vater«) oder die 3, die als Muster an verschiedenen Stellen im Gesicht auftaucht (siehe Abbildung Seite 39).

Das Kriterium Glücks- oder Pechzahl zählte für 7,8 Prozent der Befragten. Hamburger Schüler im Alter von sechs bis zehn sind in Zahlendingen offenbar viel pragmatischer als etwa chinesische Geschäftsleute, die mitunter wichtige Abschlüsse solange verschieben, bis das Datum Glück verheißt.

Auswahlkriterien für Lieblingszahlen*

Geburtstag/Alter	38,6
Diverse Assoziationen	15,4
Zahleigenschaft	15,3
Familienmitglieder	10,5
Ästethik – optisch/akustisch	9,6
Glückszahl/Pechzahl	7,8
Gut zum Rechnen	7,6

Schönes Ereignis	6,9
Meine Trikotnummer	6,6
Ausgefallene Zahl	5,5
Ohne Begründung	4,8
Leicht/schön zu schreiben	4,0
Vorlieben	3,6
Einfach schön	3,4
Zukunft	2,8
Freunde	2,4
Philosophisch	1,8
Hausnummer	1,8
Magischer Kontext	1,0
Schulnoten	0,3

* Angaben in Prozent, Mehrfachnennung möglich, Umfrage unter 3700 Hamburger Grundschülern

Fast schon beunruhigend war eine Begründung für die Wahl der Zahl 18: »Das ist meine Lieblingszahl, weil man mit 18 machen kann, was man will«, erklärte die Hamburger Schülerin Dana – und sie war damit nicht die Einzige unter den 3700 Sechs- bis Zehnjährigen.

Krauthausens Fazit: »Zahlen sind viel mehr emotional angebunden, als man glaubt.« Zugleich weist er darauf hin, dass ein besonderes Verhältnis zu einer bestimmten Zahl nicht automatisch bedeutet, dass man ein Faible für Mathematik besitzt. Die verschiedenartigen Begründungen der Kinder könnten aber durchaus in den Mathematikunterricht einfließen, glaubt Krauthausen. » Wenn ich weiß, wie Zahlen wirken, kann ich das für die Motivation nutzen.«

∫ Knobeln, Grübeln, Ausprobieren

Nehmen Sie eine beliebige zweistellige Zahl, und schreiben Sie diese dreimal hintereinander, sodass Sie eine sechsstellige Zahl erhalten. Aus 45 wird so beispielsweise 454545. Durch welche einstelligen Zahlen sind alle so gebildeten sechsstelligen Zahlen ohne Rest teilbar?

Die erstaunliche Karriere der Zahl 23

Unter all den magischen Zahlen, Glücks- und Unglücksbringern spielt die 23 eine ganz besondere Rolle. Schuld daran dürften vor allem zwei Schriftsteller sein.

Vor fast 40 Jahren legten die US-Autoren Robert Shea und Robert A. Wilson ihre »Illuminatus«-Trilogie vor. In dem Roman geht es um den Geheimorden der Illuminaten, den es Ende des 18. Jahrhunderts tatsächlich in Bayern gab, der aber bereits wenige Jahre nach seiner Gründung verboten wurde. Verschwörungstheoretiker glauben freilich, dass die Illuminaten weiterexistierten und als heimliche Strippenzieher das Weltgeschehen maßgeblich beeinflussten, etwa die Gründung der USA oder die Französische Revolution.

$\sum$ »In vielen Fällen ist Mathematik Flucht vor der Wirklichkeit.«

Stanislaw M. Ulam, polnischer Mathematiker, der an der Entwicklung der ersten Atombombe in den USA mitgearbeitet hat

Um diese Verschwörungstheorie herum haben Shea und Wilson ihre Romantrilogie gestrickt – und so auch die Karriere der Zahl 23 in den vergangenen Jahrzehnten befeuert.

Gemeinsam mit der 5 gilt sie als heilige Zahl, die in Geheimschriften, Codes und Kalendern der Illuminaten eine magische Rolle spielt. Beispielsweise taucht sie im »Zeichen der Hörner« auf: Man spreizt Zeige- und Mittelfinger zu einem V und faltet die drei anderen Finger nach unten. Die zwei gestreckten Finger sollen die Dualität von Gut und Böse symbolisieren, die drei anderen Vater, Sohn und den Heiligen Teufel.

Weltverschwörer liegen nicht einmal falsch, wenn sie die 23 (zusammen mit der 5) für eine besondere Zahl halten. 2, 3 und 5 sind die ersten drei Primzahlen, bei der 23 handelt es sich ebenfalls um eine Primzahl, deren Quersumme auch noch 5 ist. Die Zahlen haben eine weitere besondere Bedeutung: Der Mensch besitzt genau 23 Chromosomenpaare und an jeder Hand 5 Finger. Kann das Zufall sein?

Es kommt noch mysteriöser: »Alle großen Anarchisten starben am 23. des einen oder anderen Monats«, schreiben die »Illuminatus«-Autoren im ersten Teil ihrer Trilogie – und der rätselhafte Todesfall des deutschen Hackers Karl Koch scheint diese These sogar zu bestätigen. Koch starb vermutlich am 23.5.1989. Ausgerechnet am 23.5. – hatte da ein Geheimbund nachgeholfen?

Koch war in dunkle Geschäfte mit dem KGB verstrickt – und er kannte die »Illuminatus«-Trilogie sehr genau. Er nannte sich nach einer Figur aus dem Roman »Hagbard Celine« und fühlte sich auch wie sein literarisches Vorbild. Der Buchheld infiltrierte die Illuminaten, um sie auszuschalten. Koch hackte sich in Computersysteme ein, die nach seiner Auffassung »für unsere Führer zur absoluten Waffe gegen das eigene Volk geworden« sind. Sein Tod am 23.5. könnte Teil einer Inszenierung sein – von wem auch immer. Bis heute weiß niemand genau, ob es tatsächlich ein Selbstmord war oder das Werk eines Killers.

In den Foren einschlägiger Illuminati- und Geheimorden-Webseiten steht jedenfalls fest: Die Zahl 23 ist das Symbol einer weltweiten Verschwörung – und steckt als eine Art Signatur in diversen Datumsangaben und Buchstabenkombinationen. Wie lautet das Kürzel von Bill Clinton? BC. Und an welcher Stelle im Alphabet stehen diese Buchstaben? 2 und 3. Wann wurde die Bundesrepublik gegründet? 1949. Die Quersumme 1+9+4+9 ergibt 23. Das Datum der deutschen Wiedervereinigung? 3.10.1990. Die Quersumme 3+1+0+1+9+9+0 ist wieder 23.

Was bedeuten die kryptischen Abkürzungen unter mathematischen Beweisen?

q.e.d. heißt eigentlich »quod erat demonstrandum« (was zu beweisen war), bei misslungenen Beweisen spricht man auch von »quo errat demonstrator« (worin sich der Beweisende irrt) oder »quod est dubitandum« (was anzuzweifeln ist).

w.z.b.w. ist die deutsche Version von q.e.d. und steht für »was zu beweisen war«. Bei weniger klaren Beweisen wird es zu »was zu bezweifeln wäre«.

Dummerweise klappt diese Kalkulation nicht bei allen historisch wichtigen Daten auf Anhieb. Mit etwas Nachhelfen kommt man aber fast immer irgendwie doch auf die 23. Beispiele dafür gibt's zuhauf: Wann krachten die Attentäter mit den zwei entführten Flugzeugen in das Word Trade Center? Am 11.9.2001. Die Quersumme 1+1+9+2+0+0+1 ergibt nur 14, als Verschwörungsexperte weiß man sich jedoch zu helfen: Nimmt man statt 1+1 einfach 11, stimmt die Rechnung wieder (11+9+2+0+0+1=23). Nach dieser Regel wäre die Quersumme des Tages der Deutschen Einheit nicht 23, sondern 32.

Noch ein Beispiel gefällig? Die USA wurden am 4.7.1776 gegründet. Die Quersumme über alle Zahlen ist 32. Eine alternative Berechnung führt trotzdem zum Ziel: Die Summe aus Tag (4) und Monat (7) ist 11, die Quersumme davon 2. Die Quersumme des Jahres 1776 ist 21, davon noch mal die Quersumme ergibt 3, womit man tatsächlich bei der 23 gelandet ist.

Die Taschenspielertricks bei der Quersummenberechnung historischer Daten sind relativ leicht zu durchschauen – was aber ist mit den 5 Fingern und den 23 Chromosomen? Der Münchner Evolutionsbiologe Josef Reichholf hält die Zahl der Finger an einer Hand für einen typischen Streich des Zufalls. Hände und Füße der Vierfüßer seien aus Fischflossen entstanden. Die ursprüngliche Zahl der sogenannten Strahlen, aus denen im Laufe der Evolution Finger und Zehen wurden, war nach seinen Angaben noch nicht festgelegt. »In frühen Phasen gab es durchaus auch Tiere mit sechs oder sieben Zehen an einer Extremität«, sagt Reichholf. Die Nachfahren der Fünf-Strahler hätten schließlich überlebt.

Auch der Chromosomenzahl 23 misst der Biologe keine besondere Bedeutung bei, obwohl beispielsweise Menschenaffen 24 Chromosomenpaare besitzen und Hunde 38. »Ob ich 23, 25 oder zehn Teile habe, ist gleichgültig. Nur zu wenige Chromosomen sollten es nicht sein, weil sonst alle Erbinformationen auf wenigen Chromosomen gespeichert sind«, betont Reichholf. »Die Chromosomen wären entsprechend länger und anfälliger für Fehler.«

Wolfgang Enard vom Leipziger Max-Planck-Institut für Evolutionäre Anthropologie sieht die Sache ähnlich: »Letztlich ist es egal, wie viele Chromosomen man hat«, meint Enard, der Teile des Schimpansengenoms sequenziert und mit dem des Menschen verglichen hat. »Nur zu viele oder zu wenige sollten es nicht sein.« Eine optimale Chromsomenzahl gibt es nach Meinung des Forschers nicht.

Die 23 ist aus Sicht eines Erbgutexperten nichts Besonderes, sie liegt einfach nur in einem zulässigen Bereich. Was Verschwörungstheoretiker aber nicht davon abhalten wird, die Zahl weiterhin für die Signatur einer dunklen Macht zu halten.

∫ Knobeln, Grübeln, Ausprobieren

Sie wollen eine Soße zubereiten und brauchen dazu exakt 0,1 Liter Wasser. Leider fehlt in Ihrer Küche aber ein Messbecher, im Schrank stehen nur Gläser mit 0,5 und 0,3 Liter Fassungsvermögen. Kann die Soße trotzdem gelingen?

Orientalische Muster und moderne Geometrie

An islamischen Gebäuden aus dem 15. Jahrhundert tauchen raffinierte Muster auf, die Mathematiker eigentlich erst seit 30 Jahren kennen. Was steckt hinter den komplexen Ornamenten: Genialität morgenländischer Künstler oder schlichter Zufall?

Wissenschaftler fristen ein mühsames Dasein: Den ganzen Tag zerbrechen sie sich den Kopf, gehen Irrwege, scheitern, müssen von vorne anfangen. Und wenn sie schließlich doch mal einen großen Schritt vorangekommen sind, dann hat womöglich der Kollege aus Übersee genau dieselbe Idee gehabt – nur eben ein paar Monate früher.

Besonders bitter ist jedoch, wenn man eine Erkenntnis als neu präsentiert, die schon Jahrhunderte alt ist. Dies könnte unfreiwilligerweise auch dem britischen Mathematiker Roger Penrose passiert sein, als er 1974 das nach ihm benannte Penrose-Parkett vorstellte – ein Muster mit ziemlich verrückten Eigenschaften. Es wird nach einfachen Regeln aus nur zwei geometrischen Formen (»Kites« und »Darts« – sehen aus wie eine dicke und eine dünne Raute) gebildet und ist quasiperiodisch.

Herkömmliche Muster, etwa Fliesen auf dem Fußboden, bilden ein periodisches Muster. Ein periodisches Muster lässt sich stets um einen bestimmten Abstand so verschieben, dass jedes verschobene Element genau die Stelle eines gleichen Elements im ursprünglichen Muster einnimmt. Das geht beim quasiperiodischen Penrose-Parkett nicht, ganz gleich, um welchen Abstand man das Muster verrückt. Nur nach einer Drehung um 72 Grad bietet es wieder denselben Anblick – Mathematiker sprechen von fünfzähliger Rotationssymmetrie.

Solche quasiperiodischen Muster kannten jedoch offensichtlich bereits orientalische Architekten vor mehr als 500 Jahren, wie Peter Lu von der Harvard University in Cambridge herausgefunden hat. Lu fahndet schon seit längerem gemeinsam mit seinem Kollegen Paul Steinhardt von der Princeton University nach Quasikristallen in der Natur. 1982 waren solche Strukturen überraschenderweise bei einer sehr schnell abgekühlten Aluminium-Mangan-Legierung entdeckt worden – das Penrose-Parkett galt somit nicht mehr länger als pure theoretische Spielerei.

© W.B. Denny

Ornament im Innern der Sultanloge in der Grünen Moschee Bursa (Türkei): Das Muster besteht aus fünf Kacheln

Bei einer Reise durch Usbekistan machte Lu eine erstaunliche Beobachtung: An einem religiösen Gebäude aus dem Mittelalter sah er Muster, die ihn an das erinnerten, womit er sich täglich beschäftigte. »Ich dachte, dass islamische Architekten Quasikristalle womöglich schon vor langer Zeit entdeckt haben.« Nach seiner Rückkehr an die Harvard University begann Lu Tausende Fotos von orientalischen Gebäuden zu sichten. Und er wurde fündig: Im Darb-i-Imam-Schrein in Isfahan (Iran), einer Begräbnisstätte aus dem Jahr 1453, stieß Lu auf ein »nahezu perfektes quasikristallines Muster«, wie er sagt. Die Mathematik dahinter wurde im Okzident erst 500 Jahre später entwickelt – eben vom Briten Penrose.

Die wenigen kleinen Fehler im Muster hält der Physiker für oberflächlich. Sie könnten seiner Meinung nach auch das Werk von Arbeitern beim Bau oder bei einer Reparatur sein. Kannten die Architekten des Darb-i-Imam-Schreins etwa bereits die Geheimnisse von Quasikristallen? Oder ist das aperiodische Muster nur ein Zufall? Experten wie Dov Levine vom Israel Institute of Technology in Haifa bezweifeln zumindest, dass die Architekten die komplexe Geometrie der Quasikristalle tatsächlich verstanden haben.

Kunstvolle geometrische Verzierungen haben in der islamischen Kultur eine lange Tradition. Wegen des im Islam geltenden Darstellungsverbots von Menschen konzentrierten sich Künstler auch auf die Kalligrafie. Lu und sein Kollege Steinhardt hatten bei ihrer Analyse Tausender Ornamente festgestellt, dass etwa ab dem 13. Jahrhundert die Komplexität der Muster plötzlich zunahm. Mathematik und Design hätten in der islamischen Welt damals einen großen Sprung gemacht.

Die aus Hunderten von Zehnecken und anderen Formen bestehenden Muster seien so aufwendig und genau konstruiert worden, dass dies kaum mit Messlatte und Zirkel möglich gewesen sei. Lu glaubt, dass die Ornamentkünstler ihre Werke stattdessen mit einem Bausatz von nur fünf verschiedenen Kacheln erstellt haben.

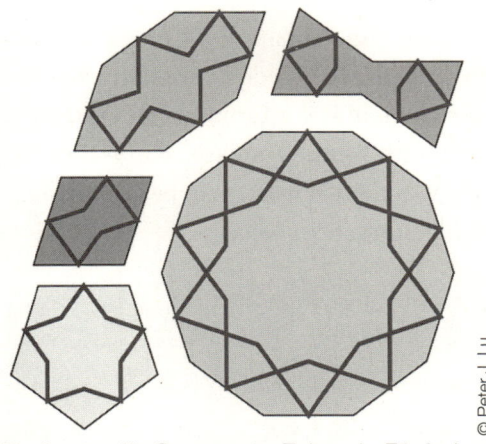

© Peter J. Lu

Baukasten für Ornamente: Zehneck, Fünfeck, Sechseck, Rhombus und eine Figur, die an eine Fliege zum Umbinden erinnert

Diese mit Linien verzierten fünf Kacheln haben die Form eines Zehnecks, eines Fünfecks, eines Sechsecks, eines Rhombus' und einer Figur, die an eine Fliege zum Umbinden erinnert. Mit den Kacheln konnten die orientalischen Handwerker eine Vielzahl an Mustern erschaffen. Davon zeugen Moscheen im ganzen islamischen Kulturraum zwischen der Türkei und Afghanistan. In einigen Fällen wurden die Muster sogar in zwei verschiedenen Maßstäben angebracht.

∑ »Nach unserer bisherigen Erfahrung sind wir zum Vertrauen berechtigt, dass die Natur die Realisierung des mathematisch denkbar Einfachsten ist.«

Albert Einstein, Physiker und Nobelpreisträger

Wie gut die Architekten das Prinzip von Quasikristallen tatsächlich verstanden haben, bleibt jedoch vorerst offen. Lu glaubt allerdings an die Genialität der Ornamentspezialisten: »Wir haben noch keine umfassende Analyse islamischer Architektur durchgeführt. Womöglich wartet ein perfektes Quasikristall ja nur darauf, gefunden zu werden.«

∫ Knobeln, Grübeln, Ausprobieren

Sie wissen, dass die Summe der Innenwinkel in einem Dreieck 180 Grad beträgt. Können Sie beweisen, dass die Winkelsumme im Viereck 360 Grad ist?

Das Mysterium Pi

Die Kreiszahl beschäftigt Mathematiker schon seit Jahrtausenden. Längst existieren Formeln zur Berechnung der Zahl, mit Computern kann sie auf Millionen Nachkommastellen genau bestimmt werden. Trotzdem gibt Pi den Forschern weiter Rätsel auf.

So viel Ehre ist selten für eine Zahl, von der kaum ein Mensch mehr als vier, fünf Stellen kennt. Seit 1987 feiern Matheverrückte, Computerfreaks und Wissenschaftler die Zahl Pi, die das Verhältnis von Kreisumfang und Kreisdurchmesser repräsentiert. Pi Day heißt die spleenige Party, die jedes Jahr am 14. März Punkt 1:59 Uhr nachmittags beginnt. Tag und Uhrzeit sind bewusst gewählt, denn 3/14 1:59 pm, wie in den USA Datum und Uhrzeit notiert werden, entspricht exakt den ersten sechs Ziffern der Zahl Pi.

Larry Shaw hatte die Idee zum Pi-Tag. Der weißhaarige Physiker baute im Exploratorium, einem Wissenschaftsmuseum in San Francisco, exakt in der Mitte eines runden Raumes einen Pi-Schrein auf. Dieser Schrein war nichts anderes als ein Messingteller, in den die ersten hundert Stellen der Zahl graviert waren.

Zusammen mit Freunden umrundete er dann den Teller. »Leute laufen in vielen Kulturen und Religionen um Dinge herum, um ihnen Respekt zu zollen«, sagt Shaw über das ironische Spektakel. Und dazu gab es Kuchen. Eine weitere Anspielung auf Pi, denn das englische Wort dafür ist Pie. Inzwischen wird der Pi-Tag nicht nur in San Francisco, sondern in vielen anderen US-Städten gefeiert – und auch in Europa. Lehrer nutzen den Hype, um Pi im Unterricht zum Thema zu machen.

© Exploratorium

Riesengaudi: Der Physiker Larry Shaw feiert mit Freunden den Pi-Tag

Die Faszination für Pi ist nicht neu. Das liegt natürlich an ihren besonderen Eigenschaften: Die Zahl ist nicht nur irrational, kann also nicht wie eine rationale Zahl als Quotient zweier ganzer Zahlen dargestellt werden. Sie ist auch transzendent. Es gibt also auch kein Polynom mit rationalen Koeffizienten wie beispielsweise $x^n + a_{n-1}x^{n-1} + \ldots + a_1 x + a_0$, dessen Nullstelle Pi ist (mehr über rationale und transzendente Zahlen erfahren Sie im Glossar).

∑ »Es ist unmöglich, die Schönheiten der Naturgesetze angemessen zu vermitteln, wenn jemand die Mathematik nicht versteht. Ich bedaure das, aber es ist wohl so.«

Richard Feynman, US-amerikanischer Physiker

Bereits in der Bibel taucht 3 als Schätzung für Pi auf, Archimedes gab die Zahl mit 3,14 an. Die erste exakte Formel zur Pi-Berechnung entwickelte 1593 der französische Mathematiker François Viète, weitere stammen unter anderem von John Wallis und Gottfried Leibniz. Im heutigen Computerzeitalter scheint es Mathematikern nur noch darum zu gehen, einen neuen Rekord in der Nachkommastellenberechnung von Pi aufzustellen. Die aktuelle Bestmarke steht bei mehr als einer Billion Stellen (Stand September 2009).

Abgesehen vielleicht von dem, was nach der Stelle 1.241.100.000.000 kommt, schienen die letzten Geheimnisse der Zahl Pi gelüftet. Dass dem nicht so ist, mussten im Jahr 2005 zwei Forscher der Purdue University feststellen. Shu-Ju Tu und Ephraim Fischbach hatten untersucht, ob die ersten 100 Millionen Nachkommastellen der Kreiszahl den Kriterien für perfekte Zufallszahlen genügen. Dazu gehört zum Beispiel, dass die Ziffern 0 bis 9 mit der gleichen Häufigkeit auftreten. In einer Reihe perfekter Zufallszahlen ist die Wahrscheinlichkeit des Auftretens einer bestimmten Zahl, zum Beispiel 3, auch unabhängig von den zuvor aufgetretenen Zahlen. Genau diese Eigenschaften würde man von einer irrationalen Zahl wie Pi erwarten, denn warum sollte eine einzelne Ziffer oder eine bestimmte Ziffernkombination öfter auftreten als andere?

Die aufwendigen, ein Jahr dauernden Berechnungen der Forscher führten zu einem überraschenden Ergebnis: Pi ist zwar eine brauchbare Zufallszahl, aber bei Weitem nicht die beste. Einige der 31 kommerziellen Zufallsgeneratoren, die Fischbach und Tu gegen die Kreiszahl antreten ließen, erwiesen sich als noch besser im Würfeln von Zahlenreihen.

Zahl Pi: Irrational und transzendent

© Mathematikum Gießen/Rolf K. Wegst

»Wir glauben nicht, dass diese Ergebnisse Hinweise auf ein Muster in der Zahlenkolonne von Pi sind«, sagt Fischbach. Man müsse wahrscheinlich nur noch mehr Nachkommastellen berücksichtigen. Wenn es auf perfekte Zufallszahlen ankomme, dann könnten manche kommerzielle Zufallsgeneratoren aber die bessere Wahl sein. Der Forscher weist zugleich darauf hin, dass es im Prinzip keinen perfekten Zufallsgenerator gibt. Sobald man den Algorithmus eines Systems kenne, könne man auch die von ihm erzeugten Zahlen vorhersagen.

Trotz gewisser Mängel in puncto perfekte Zufallsfolge eignet sich Pi aber für ein lustiges Spiel: An welcher Nachkommastelle steht mein Geburtstag? Wo taucht zum Beispiel die Ziffernfolge 123456 auf? Und gibt es irgendwo auch mal sechs Nullen hintereinander?

Um Frage zwei zu beantworten: Die Folge 123456 findet sich an Position 2.458.885. Und ja, auch sechs Nullen hintereinander tauchen bei Pi auf, und zwar an der Nachkommastelle 1.699.927. Die Ziffernfolge dort lautet:

5561136674861735 1058 000000 5927758777 1416124575

Und auch wenn es verrückt klingt: Mathematiker glauben, dass es in der unendlich langen Ziffernreihe auch 20 Nullen hintereinander gibt, 40 Einsen oder 600 Dreien. Die 20 Nullen sollten sogar genauso häufig auftreten wie 20 Einsen, Zweien oder Achten. Der Beweis dafür ist allerdings noch nicht geglückt. Gelänge er, dann wäre Pi eine sogenannte normale Zahl. Das bedeutet, dass unter ihren Nachkommastellen alle möglichen k-stelligen Ziffernblöcke mit der gleichen Häufigkeit auftreten.

Sollte Pi tatsächlich eine normale Zahl sein, dann würde

ihre Ziffernfolge auch eine perfekte Zufallszahl bilden. Das Ergebnis der Purdue-Forscher wäre dann damit zu erklären, dass sie mit 100 Millionen Nachkommastellen schlicht zu wenige untersucht haben.

Wenn Sie Ihren Geburtstag in Pi suchen wollen: Diese Webseite wird Ihnen dabei helfen: http://www.angio.net/pi/bigpi.cgi Die Wahrscheinlichkeit, dass Sie Ihr achtstelliges Datum in den ersten 200 Millionen Stellen finden, beträgt übrigens 86 Prozent. Wenn Sie Ihren Geburtstag sechsstellig schreiben, etwa 010467, dann finden Sie ihn mit hundertprozentiger Sicherheit.

∫ Knobeln, Grübeln, Ausprobieren

Kann man die Wurzel aus 2 als Quotienten zweier natürlicher Zahlen darstellen?

Der optimierte U-Bahn-Fahrplan

Nein, schon wieder die U1 verpasst! Wer viel U-Bahn fährt, ist den Anblick von Zugrücklichtern und minutenlanges Warten auf die nächste Bahn gewohnt. Aber man kann auch mit weniger Ärger U-Bahn fahren – dank moderner Mathematik.

Von einer U-Bahn in eine andere umsteigen ist wie ein Lotteriespiel. Steht die Bahn schon da, kommt sie gleich oder erst in acht Minuten? Besonders ärgerlich ist, wenn die Anschlussbahn einem direkt vor der Nase wegfährt. Hätte sie nicht noch 30 Sekunden warten können? Oder die andere Bahn eine Minute früher ankommen?

Diese Fragen haben sich die Planer der U-Bahn Berlin immer wieder gestellt. Sie wissen genau, dass ihre Fahrgäste zufriedener sind, wenn die Warte- und Umsteigezeiten möglichst kurz sind. Im Laufe der Jahre haben sie deshalb einen Fahrplan entwickelt, den sie für perfekt hielten. Allerdings nur so lange, bis ihn Mathematiker des Forschungszentrums Matheon der TU Berlin genauer unter die Lupe genommen haben.

Das Team von Christian Liebchen hat das Problem analysiert und festgestellt, dass der Fahrplan letztlich in das Gebiet der sogenannten Graphentheorie fällt. Die Aufgabe ähnelt damit auch der Suche nach einer Sudoku-Lösung oder

der klassischen Frage, wie viele Farben man braucht, um die Länder einer Landkarte so einzufärben, dass aneinandergrenzende Staaten stets verschieden gefärbt sind.

Liebchen hat das U-Bahn-Problem in einen Graphen übersetzt, der zunächst Abermilliarden von Lösungen besitzt. Durch geschicktes Ausprobieren und anschließendes Bewerten und Aussortieren von Lösungen konnte der eigens dafür entwickelte Algorithmus die Menge der in Frage kommenden Fahrpläne immer weiter eingrenzen, bis schließlich die optimale Lösung gefunden war. »Das Ergebnis ist nicht nur ein bisschen besser als der vorherige Plan, es handelt sich um die exakte Lösung«, erklärt Sebastian Stiller, der gemeinsam mit Liebchen an dem Projekt gearbeitet hat. »Wir haben bewiesen, dass es keinen besseren Plan gibt.«

Seit 2005 fährt die Berliner U-Bahn in den für Umsteiger besonders kritischen Randzeiten so, wie es die Mathematiker ausgerechnet haben. In diesen Zeiten verkehren die Züge im Zehn-Minuten-Takt. Die mittlere Wartezeit beim Umsteigen hat sich durch den neuen Fahrplan von 2 Minuten 48 Sekunden auf 2 Minuten 30 Sekunden verkürzt. Der Anteil schneller Anschlüsse ist von 55 auf 60 Prozent gestiegen. Und was die Controller der BVG besonders freute: Dank der neuen Planung wurde ein ganzer U-Bahn-Zug eingespart.

Wie ist dieses Kunststück geglückt? Das Prinzip des Graphen, den die Mathematiker genutzt haben, lässt sich sehr gut an einem extrem vereinfachten U-Bahn-Netz erklären, das aus nur zwei Linien mit je drei Haltestellen besteht. Die mittleren Stationen beider Linien sind identisch, hier können

Fahrgäste umsteigen (siehe Abbildung). Die Linien verkehren nur in einer Richtung.

Wir nehmen an, dass beide Linien in einem Vier-Minuten-Takt fahren. Wenn wir weiterhin annehmen, dass die U-Bahnen exakt eine Minute halten und die Fahrgäste beim Umsteigen von einer Linie zur anderen wegen des Weges exakt eine Minute brauchen, dann wird sofort klar, dass beide Linien besser nicht zugleich in der mittleren Station ankommen sollten, weil sonst Benutzer beider Linien immer ihre Anschlüsse so verpassen würden, dass sie drei Minuten warten müssten (der Weg von Bahnsteig zu Bahnsteig ist bereits abgezogen).

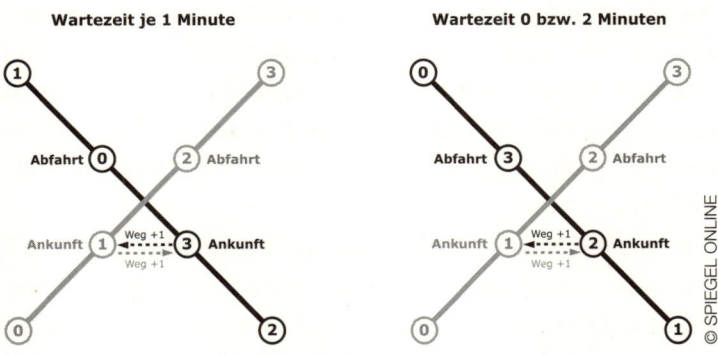

Graph: Die Zahlen in den Knoten repräsentieren die Minutenzahl, zu der sich eine U-Bahn im Knoten befindet

In welchem Abstand sollten die beiden Linien die Umsteigestation also erreichen? Denkbar sind eine, zwei oder drei Minuten. Was hat das für Konsequenzen für die Wartezeiten? Im ersten und im dritten Fall muss ein Teil der Fahrgäste zwei Minuten warten, bis ihre Anschlussbahn in die Station einfährt. Die anderen Umsteiger kommen nach einer Minute Weg auf dem anderen Bahnsteig an – und in diesem Moment rollt die U-Bahn auch ein. Wartezeit null Minuten.

Im Fall zwei, die Linien erreichen den Umsteigebahnhof im Abstand von zwei Minuten, beträgt die Wartezeit für Fahrgäste beider Züge immer eine Minute – auch hier ist die Wegzeit bereits abgezogen.

Was wäre dann die fairste Lösung? Wahrscheinlich würden sich die Planer für die Variante mit dem Zwei-Minuten-Abstand entscheiden. Allerdings ist die durchschnittliche Wartezeit in allen drei Fällen gleich: eine Minute. Variante zwei sorgt aber dafür, dass alle Fahrgäste genau eine Minute warten müssen, während in den beiden anderen Fällen ein Teil zwei Minuten wartet und der andere Teil null Minuten. Erweitert man diese simple Variante auch um Züge, die in der Gegenrichtung fahren, kommen weitere Umsteigeoptionen dazu.

Was hat das nun mit Sudoku und Graphentheorie zu tun? Die Berliner Mathematiker weisen jedem Knoten einfach eine Zahl zu. Diese besagt, zu welcher Minute sich ein U-Bahn-Zug genau an diesem Knoten befindet. In unserem simplen Modell startet der Zug der Linie 1 zur Minute null, der Knotenpunkt bekommt deshalb den Wert 0. Eine Minute später rollt er in der mittleren Station ein, der Knoten bekommt den Wert 1. Eine Minute später fährt er weiter – ein weiterer Knoten mit dem Wert 2. Und noch eine Minute später erreicht der Zug den Endbahnhof (Knoten = 3). Wir sehen, dass benachbarte, miteinander verbundene Knoten keinesfalls gleiche Zahlenwerte besitzen dürfen – ganz ähnlich wie beim Sudoku.

Analog weisen wir nun den Knoten der zweiten Linie Zahlenwerte zwischen 0 und 3 zu. Der Zug startet bei Minute 2, erreicht den mittleren Bahnhof bei Minute 3, fährt in Minute 4 weiter. Zahlen größer als 3 dürfen in dem System jedoch nicht auftauchen, denn die Züge sollen ja im Vier-Minuten-Takt fahren. Was in Minute 4 in dem Netz passiert, ist deshalb identisch mit der Situation in Minute 0. Fährt ein Zug also in Minute 3 los und braucht eine Minute bis zur nächsten Station, dann kommt er dort in Minute 0 an. Mathematiker nennen diese Berechnungsmethode Modulo 4. Dabei wird der Rest aus der Division durch 4 ermittelt.

Wenn die Mathematiker der TU Berlin die Umsteigezeiten minimieren wollen, dann suchen sie also letztlich Lösungen, bei denen die Differenz der Knotenpunkt-Werte an den Umsteigepunkten möglichst klein ist – im Idealfall sogar null.

> $\sum$ »Das entscheidende Kriterium ist Schönheit. Für hässliche Mathematik ist auf dieser Welt kein beständiger Platz.«
>
> Godfrey Harold Hardy, britischer Mathematiker

Man kann sich leicht vorstellen, wie komplex ein solcher Graph, also das System aus Knoten und Linien, wird, wenn das beschriebene Netz nicht nur aus zwei, sondern wie in Berlin aus neun Linien und 170 Stationen besteht. Hinzu kommen Nebenbedingungen, wie etwa jene, dass in der Station Wittenbergplatz zwei verschiedene Linien immer zugleich einfahren müssen, weil sie auf zwei Seiten desselben Bahnsteiges halten und die Leute in beide Richtungen umsteigen wollen.

Für die Lösung des Berliner Umsteigeproblems interessieren sich mittlerweile auch Verkehrsbetriebe in Potsdam und die Niederländische Eisenbahngesellschaft Nederlandse Spoorwegen. Der Mathematiker Christian Liebchen hat sich sogar neue, noch größere Ziele gesetzt. Er ist vom Matheon zur Deutschen Bahn gewechselt, um den Güterverkehr zu optimieren.

∫ Knobeln, Grübeln, Ausprobieren

Sie werfen zwei Würfel gleichzeitig. Wie groß ist die Wahrscheinlichkeit, dass die Summe der Augenzahlen neun ist?

Die Rechentricks der Zahlengenies

Sie ziehen die 13. Wurzel hundertstelliger Zahlen im Kopf und wissen, dass der 22. Juli 1858 ein Donnerstag war. Wie schaffen Rechenweltmeister so etwas? Nicht durch Hexerei, sondern durch intelligente Lösungstechniken, die im Grunde jeder lernen kann.

Was für ein ärgerlicher Fauxpas! Der Chinese Chao Lu sagte fünf, doch null wäre richtig gewesen. 24 Stunden lang hatte er Zahlenkolonnen hergebetet, die ersten 67.890 Nachkommastellen der Kreiszahl Pi. Aus dem Kopf, ohne Hilfsmittel. Bei der Position 67.891 machte er den Fehler. Ärgerlich für ihn, denn er wollte eigentlich bis zur Nachkommastelle 100.000 kommen.

Ein Jahr lang hatte sich Lu auf den großen Tag im November 2005 vorbereitet. Ein Trost für ihn: Trotz des Fehlers reichte es für einen neuen Weltrekord. Der Japaner Hiroyuki Goto hatte die Rangliste der Pi-Auswendiglerner seit 1995 angeführt. Damals kam er bis zur Position 42.195.

Lus neuer Rekord ist faszinierend: Wenn man die 67.890 Nachkommastellen von Pi in kleiner Schrift auf A4-Seiten druckt, geht die Zahlenkolonne über 13 Seiten. 13 Seiten! Eng bedruckt mit Zahlen. Und Lu konnte sich an jede einzelne ganz genau erinnern.

Ähnlich beeindruckend ist das, was Gert Mittring kann. Der deutsche Rechenkünstler zieht in nicht einmal 15 Sekunden die 13. Wurzel aus einer hundertstelligen Zahl. Im Kopf natürlich. Matheasse wie Mittring treffen sich regelmäßig zu Weltmeisterschaften im Kopfrechnen. Dort müssen sie im Akkord zehnstellige Zahlen addieren, achtstellige Zahlen miteinander multiplizieren und entscheiden, ob der 29. Mai 1842 ein Sonntag war oder ein Dienstag.

Die Frage ist: Wie schafft ein Mensch so etwas? Ganz ohne Taschenrechner, Jahrhundertkalender und Excel.

Mengenlehre

√ Wie jagt ein Mathematiker Elefanten? Er reist nach Afrika, entfernt alles, was nicht Elefant ist, und fängt ein Element der Restmenge.

Zauberei ist jedenfalls nicht im Spiel, wenn die Schnellrechner und -merker loslegen. Im Grunde lösen sie die Aufgaben so, wie man es in der Schule lernt. Allerdings kennen Rechenkünstler wie Mittring einige Tricks und Kniffe, um den an sich langen, umständlichen Rechenweg deutlich abzukürzen.

Zum Ziehen der 13. Wurzel aus einer hundertstelligen Zahl nutzt Mittring beispielsweise den Logarithmus. Er schätzt zunächst den Zehnerlogarithmus der Aufgabenzahl a, sucht also den Exponenten x, der die Gleichung $10^x=a$ erfüllt. Damit er schnell vorankommt, hat er die Logarithmen aller Primzahlen bis 100 auswendig gelernt (2, 3, 5 ... 97). »Das sind insgesamt 25 Logarithmenwerte mit jeweils sieben Nachkommastellen – das entspricht vom Gedächtnisaufwand her 15 Telefonnummern«, erklärt Mittring.

Für die Beispielzahl

> 7 066 437 381 674 286 102 234 008 830 240 157 375 704
> 233 170 702 632 731 269 721 516 000 395 709 065 419
> 973 141 914 549 389 684 111

kommt er so auf einen Schätzwert von 99,849199. Als Nächstes wird diese Zahl durch 13 dividiert und anschließend wieder delogarithmiert – damit ist die Aufgabe im Prinzip gelöst.

Warum? Weil $10^{\frac{x}{13}}$ genau die 13. Wurzel aus 10^x und damit die gesuchte Lösung ist. Wie kommt man darauf? Durch simples Potenzrechnen. Multipliziert man 10^b mit 10^c, erhält man 10^{b+c}. Wird die Zahl $10^{\frac{x}{13}}$ 13-mal miteinander multipliziert, dann lautet das Ergebnis

$$10^{(\frac{x}{13} + \frac{x}{13} + \frac{x}{13} + \dots + \frac{x}{13})} = 10^{13 \cdot \frac{x}{13}} = 10^x$$

Mittring kommt bei seiner Logarithmenrechnung zu folgendem Ergebnis: Die 13. Wurzel der hundertstelligen Zahl muss etwas größer sein als 47.941.067. Eine ungefähre Lösung ist natürlich nicht das, was er sucht. Aber Mittring hat noch einen Kniff in petto, um die exakte Zahl zu bestimmen. Er schaut sich die letzten zwei Ziffern der Aufgabenzahl an. Sie endet auf 11. Das ist nur möglich, wenn die Lösungszahl auf 71 endet. Das weiß Mittring ganz genau, denn er hat neben einigen Logarithmen auch die Regeln für die Endziffern

13. Potenzen im Kopf. »Somit spricht alles für die Lösung 47.941.071«, erklärt Mittring und liegt damit vollkommen richtig.

Der Logarithmus-Trick klappt übrigens auch beim schnellen Ziehen der Quadratwurzel. Beim Kalenderrechnen müssen sich die Zahlenjongleure freilich anders behelfen. Der amtierende Weltmeister in dieser Kategorie, Jan van Koningsveld aus Emden, hat ein Fixdatum im Kopf, den 1. Januar 1900. Er weiß, dass dieser Tag ein Montag war. Über zusätzliche Kennzahlen, die er auswendig gelernt hat, kann er sich von diesem Tag aus an jedes beliebige Datum herantasten.

Beispiel 22. Juli 1858: Welcher Wochentag war das? Der Juli hat die Kennzahl 6. Addiert zu 22 Tagen ergibt sich 28, was genau vier Wochen entspricht. Damit bleibt kein Rest übrig, also ist die erste Zwischensumme 0. Das Jahr 1800 besitzt die Kennzahl 2. Die 58 Restjahre haben ebenfalls die Kennzahl 2. Daraus ergibt sich: 0+2+2=4. Das Ergebnis 4 steht bei dem von van Koningsveld verwendeten Kennzahlensystem für den Donnerstag. Damit war der 22. Juli 1858 ein Donnerstag.

Das Geheimnis der Rechenkünstler ist also in erster Linie eine überschaubare Menge an Kennzahlen, Logarithmen oder Endziffern, die sie im Kopf haben. Pi-Auswendiglerner treiben dieses Zahlenmerken nur noch auf die Spitze und nutzen dazu einen ganz speziellen Trick: Sie bauen die Tausenden Nachkommastellen der Kreiszahl in eine lange Geschichte ein, die sie einfach nur rekapitulieren müssen.

Die Hamburgerin Meike Duch beispielsweise nutzt 100 verschiedene Symbole, um sich die zweistelligen Ziffernkombinationen von 00, 01, 02 bis 98, 99 merken zu können. Zum Beispiel steht der Göttervater Zeus für 00 und der Labrador-Hund für die 59. Mit diesem sogenannten Major-System lässt sich eine 1000 Ziffern lange Zahlenkolonne in eine Folge aus 500 Symbolen umwandeln.

> $\sum$ »Ein brillanter Kopfrechner ist nicht unbedingt ein guter Mathematiker.«
>
> Albrecht Beutelspacher,
> Leiter des Mathematikums in Gießen

Auf diese Weise hat Duch, die als Gedächtnistrainerin arbeitet, im September 2004 den deutschen Rekord im Pi-Auswendiglernen aufgestellt. 5555 Stellen notierte sie in knapp sieben Stunden – ohne Fehler. Für Duch war die Zahl Pi nichts anderes als ein ausgedehnter Spaziergang durch Hamburg. Vor der Haustür saß ein wütender Zeus, an der nächsten Ecke wedelte ein Labrador freundlich mit dem Schwanz. »Je verrückter die vorgestellte Situation ist, umso leichter behält man sie«, erklärt Duch.

»Tausende Nachkommastellen von Pi zu lernen ist eigentlich vollkommen idiotisch«, sagt sie. Gemacht hat sie es trotzdem, um ihre Grenzen zu testen und um ihr Gedächtnis zu trainieren. Das hat sie gemeinsam mit den Teilnehmern der Kopfrechen-Weltmeisterschaften. Sie alle zeigen immer wieder, zu welch erstaunlichen Leistungen das menschliche Gehirn fähig ist, wenn man es nur entsprechend fordert.

∫ Knobeln, Grübeln, Ausprobieren

Zu einem Tischtennisturnier melden sich 101 Teilnehmer. Gespielt wird im K.-o.-System. Wer ein Spiel verliert, scheidet aus. Bei einer ungeraden Spieleranzahl rutscht ein Spieler kampflos in die nächste Runde. Nach wie vielen Partien steht der Sieger fest?

Schönheit, Mathematik und Kunst

Über den Wert von Ästhetik streiten nicht nur Künstler und Philosophen, sondern auch Mathematiker. Existiert für jedes Problem eine elegante Lösung? Sind kurze, knappe Beweise besonders schön? Gibt es so etwas wie hässliche Mathematik?

Es ist kein Zufall, dass Kunst und Mathematik eng verflochten sind. Je mehr sich Künstler von der rein gegenständlichen Darstellung abwenden, umso häufiger holen sie sich Inspirationen aus der abstrakten, ja angeblich so weltfremden Mathematik. Abstrakte Kunst ist ohne Rückgriff auf geometrische Grundformen kaum vorstellbar. Und wie viele Künstler haben den Zufall bereits als treibende Kraft in ihre Werke oder den Schöpfungsprozess eingebaut!

>»Plötzlich, völlig unerwartet, hatte ich diese unglaubliche Offenbarung. Es war so unbeschreiblich schön, es war so einfach und so elegant.«
>
> Andrew Wiles, britischer Mathematiker
> (über den Moment, als er 1994 die letzte Lücke seines Beweises der Fermatschen Vermutung schließen konnte)

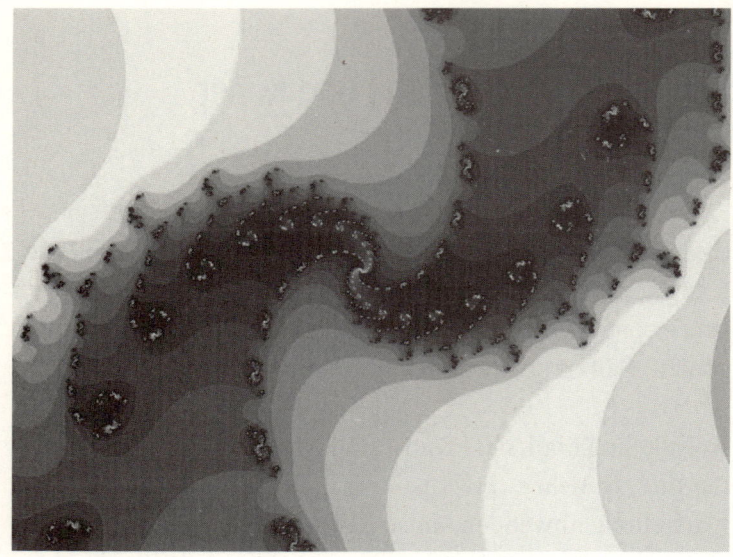

Fraktal: Bizarre Formen, die das Phänomen Selbstähnlichkeit zeigen

Fraktale, Goldener Schnitt, das Spiel mit der Symmetrie – selbst Mathemuffel müssen anerkennen, welch wichtige Rolle mathematische Prinzipien in der Ästhetik spielen. Die Mathematiker sind sich dessen natürlich bewusst, mancher führt sogar das Leben eines entrückten Künstlers. Wie der Ungar Paul Erdős.

1913 in Budapest geboren, zählt er ohne Zweifel zu den genialsten Mathematikern des 20. Jahrhunderts. Erdős war eine wandelnde Legende, ständig auf Reisen, wohnte mal bei einem Kollegen in Israel, mal in den USA, mal in Deutschland. Sein Reisegepäck bestand aus einer kleinen Tasche. Befreundeten Mathematikern erzählte er, er habe so viele Ideen, dass er keine Zeit finde, jede einzelne weiterzuverfolgen. Für die Lösung mathematischer Probleme lobte er Geld aus. Je schwieriger er eines einschätzte, umso mehr Geld bot er. Bei der spontanen Lösung eines 5-Dollar-Problems zahlte er das Geld sofort aus.

Erdős war passionierter Kaffeetrinker. »Ein Mathematiker ist ein Automat, in den man Kaffee hineinschüttet und aus dem Sätze herauskommen«, bekannte er selbstironisch. Ein besonderes Faible besaß er für ästhetische Mathematik. Er erzählte immer wieder von dem Buch, in dem Gott angeblich die perfekten Beweise aufbewahrt, und fügte sogleich hinzu, dass man nicht an einen Gott zu glauben brauche, dass man als Mathematiker aber an das Buch glauben solle. Ganz im Sinne seines britischen Kollegen Godfrey Harold Hardy (1877–1947), der erklärt hatte, dass es auf Dauer keinen Platz für hässliche Mathematik gibt.

Was aber sind schöne Beweise? Woran erkennt man hässliche Mathematik? An seitenlangen Formeln etwa? Lässt sich die Welt der Zahlen, Gleichungen und Geometrie überhaupt in ästhetische Kategorien fassen?

Der Berliner Mathematiker Günter Ziegler glaubt fest daran. Gemeinsam mit seinem Kollegen Martin Aigner hat er das Buch geschrieben, von dem Erdős immer wieder erzählt hat, an dem er aber selbst nicht mehr mitwirken konnte, weil er 1996 starb. 1998 erschien »Das BUCH der Beweise« – zunächst auf Englisch, später auch auf Deutsch. Schönheit und Eleganz beginnt für Ziegler da, »wo etwas überraschend ist, wo man Dinge verwendet, die aus anderen Fachgebieten kommen«. Natürlich ist auch Kürze ein Kriterium. Aber auch ein längerer Beweis könne sehr elegant sein, sagt er. »Es gibt auch eine Ästhetik von Formeln.«

Der Klassiker unter den schönen Beweisen ist schon über 2000 Jahre alt: Euklids Beweis, dass es unendlich viele Primzahlen gibt. Primzahlen sind so etwas wie die Grundbausteine der natürlichen Zahlen. Man kann sie nur durch 1 und sich selbst teilen, die kleinste Primzahl ist die 2.

Der Beweis, dass es unendlich viele von ihnen geben soll, erscheint zunächst wie eine kaum lösbare Aufgabe. Man kann ja schlecht alle Primzahlen aufschreiben, um dann beim Durchzählen festzustellen, dass es unendlich viele sind. Euklid führte den Beweis indirekt, ein oft mit Erfolg angewandtes Verfahren. »Schöne Beweise sind häufig indirekt«, sagt Ziegler. »Das Hebel-Ansetzen ist bei ihnen oft einfacher.«

Wie funktioniert ein indirekter Beweis? Man nimmt einfach an, dass die zu beweisende Aussage falsch ist, es also nur endlich viele Primzahlen gibt. Dann schaut man sich die Konsequenzen dieser Annahme an und stellt dabei fest, dass man in einem unlösbaren Widerspruch steckt. Also kann die gemachte Annahme nur falsch sein, womit wiederum die Aussage bewiesen ist.

Euklids Beweis geht so:

Angenommen, es gibt nur endlich viele Primzahlen $p_1, p_2 \ldots p_r$. Das Produkt

$$n = p_1 p_2 \ldots p_r + 1$$

soll durch die Primzahl p teilbar sein. Wir sehen sofort, dass p von allen Primzahlen p_i verschieden sein muss. Folglich ist p eine weitere, nicht in $p_1, p_2 \dots p_r$ enthaltene Primzahl. Daraus folgt, dass die Menge der Primzahlen nicht endlich ist.

Ob für ein mathematisches Problem eine so elegante Lösung existiert wie Euklids Primzahlbeweis, sieht man der Fragestellung oft nicht an. Es gibt wahnsinnig kompliziert erscheinende Fragestellungen, die sich in wenigen Zeilen beantworten lassen. Und es gibt einfach erscheinende Probleme mit einer furchtbar komplizierten Lösung.

Ein Beispiel dafür ist der Vier-Farben-Satz. Er besagt, dass vier Farben ausreichen, um eine beliebige Landkarte so einzufärben, dass aneinandergrenzende Länder stets verschieden gefärbt sind. Die Aufgabe versteht man sofort, der Beweis gelang allerdings nur mithilfe von Computern. Auf eine klassische, elegante Lösung auf wenigen Blatt Papier warten Mathematiker bis heute. »Ein guter Beweis liest sich wie ein Gedicht«, ätzten Kritiker, »dieser sieht aus wie ein Telefonbuch!« Schwierig und selbst für viele Mathematiker kaum zugänglich ist auch der Beweis der Fermatschen Vermutung, die bereits aus dem 17. Jahrhundert stammt. Erst 1993 konnte der Brite Andrew Wiles beweisen, dass die Gleichung

$$a^n + b^n = c^n$$

für ganzzahlige a, b, c (ungleich Null) und natürliche Zahlen n>2 keine Lösung besitzt. Der Beweis geht über viele Seiten, gilt jedoch trotzdem als elegant, sagt der Berliner Mathematiker Ziegler. »Die Experten, die ihn wirklich verstehen, sagen, er sei sehr schön.«

∫ Knobeln, Grübeln, Ausprobieren

Der Franzose Georges-Louis Leclerc de Buffon stellte im Jahr 1777 folgende Aufgabe: Wenn man eine kurze Nadel auf liniertes Papier fallen lässt, wie groß ist dann die Wahrscheinlichkeit, dass die Nadel so liegen bleibt, dass sie eine der Linien kreuzt?

Hinweis: Die Nadel hat die Länge l, der Abstand der Linien ist d(l≤d). Es gibt eine sehr elegante Lösung dieser Aufgabe, die allerdings Kenntnisse im Integrieren der Sinusfunktion voraussetzt.

Google rechnet mit Milliarden Unbekannten

Ein Leben ohne Suchmaschinen? Für alle, die viel im World Wide Web unterwegs sind, eine geradezu absurde Vorstellung. Bei der Berechnung der Trefferlisten nutzt Google ein erstaunlich simples mathematisches Verfahren.

Wer bei Google einen Suchbegriff eintippt, bekommt binnen Sekundenbruchteilen die Ergebnisse angezeigt. Eigentlich erstaunlich, besteht das Web doch aus einem unüberschaubaren Wust an Webseiten. Dass die Suchmaschine Google so schnell Trefferlisten ausspucken kann, hängt auch mit einem mathematischen Algorithmus zusammen, mit dem jede einzelne Webseite immer wieder neu bewertet wird.

Page Rank heißt das Verfahren, das Google permanent durchführt. Den Schätzungen zufolge 30 bis 50 Milliarden Webseiten im Google-Index werden dabei immer wieder in eine Rangliste sortiert. Das entscheidende Kriterium beim Page Rank sind Links, die auf eine Webseite führen. Link ist jedoch nicht gleich Link: Kommt er von einer hoch gerankten Seite, dann erbt auch die verlinkte Seite einen Teil des Rankings dieser Seite.

Mathematisch gesehen, ist Googles Page Rank von 30 Milliarden Webseiten nichts anderes als die Lösung eines linearen Gleichungssystems mit 30 Milliarden Unbekannten.

Das klingt zunächst nach einer kaum lösbaren Aufgabe, sie ist mithilfe leistungsstarker Computer aber zu meistern.

Die Google-Gründer: Larry Page (l.) und Sergey Brin (r.) haben die Page-Rank-Formel entwickelt

Die beiden Google-Gründer Sergey Brin und Larry Page haben das Page-Rank-Verfahren schon vor über zehn Jahren entwickelt. Letztlich steckt dahinter das Konzept eines Surfers, der sich zufällig durchs Web bewegt. Wie groß ist die Wahrscheinlichkeit, dass er sich zu einem bestimmten Zeitpunkt auf einer bestimmten Webseite befindet? Diese Wahrscheinlichkeit entspricht dem Page Rank der Seite.

Der Zufallssurfer startet auf einer beliebigen Webseite und klickt dann mit einer Wahrscheinlichkeit von d einen der Links an, die auf dieser Seite zu finden sind (0<d<1). Mit einer Wahrscheinlichkeit von 1-d folgt der Surfer jedoch keinem der Links und steuert stattdessen eine andere, zufällig ausgewählte Webseite an, zum Beispiel durch Eingabe der Adresse per Hand (oder nach dem Aufruf einer Suchmaschine).

Mit welcher Wahrscheinlichkeit treffen wir den Surfer auf der Webseite a? Brin und Page haben zwei Fälle unterschieden:

1) Der Surfer hat das Klicken abgebrochen und landet durch direkte Eingabe der Webseite zufällig auf a. Wenn es im Netz genau N Webseiten, gibt, dann beträgt die Wahrscheinlichkeit für diesen Fall $\frac{(1-d)}{N}$.

2) Der Surfer kommt von einer anderen Webseite, wir nennen sie i, über einen direkten Link zu a. Wir wissen ja bereits, dass unser Zufallsnutzer nur mit einer Wahrscheinlichkeit von d überhaupt Links folgt. In die Berechnung fließt außerdem ein, wie viele Links c_i es überhaupt auf der Seite i gibt und wie groß die Wahrscheinlichkeit p_i ist, dass sich der Surfer überhaupt auf der Webseite i befindet. Die Chance, dass der Surfer über den Link von der Seite i zur Seite a kommt, ist deshalb $\frac{d p_i}{c_i}$. Wenn wir zudem annehmen, dass genau k der insgesamt N Seiten auf a verlinken, ist die Wahrscheinlichkeit dafür, dass der Surfer über einen dieser k Links zu a kommt gleich $d(\frac{p_1}{c_1} + \frac{p_2}{c_2} + ... + \frac{p_k}{c_k})$.

Fassen wir nun die Fälle 1) und 2) zusammen, dann ist die Google-Formel komplett:

$$p_a = \frac{(1-d)}{N} + d(\frac{p_1}{c_1} + \frac{p_2}{c_2} + ... + \frac{p_k}{c_k})$$

Letztlich haben die Google-Gründer mit ihrer Formel festgelegt, dass jene Seiten, die beim zufälligen Surfen häufiger angesteuert werden, auch höher gewertet werden. Eine Vereinfachung – aber eine sehr erfolgreiche. Denn heute dominiert Google den Suchmaschinenmarkt unangefochten, was sehr viel mit der revolutionären Suchtechnologie zu tun hat.

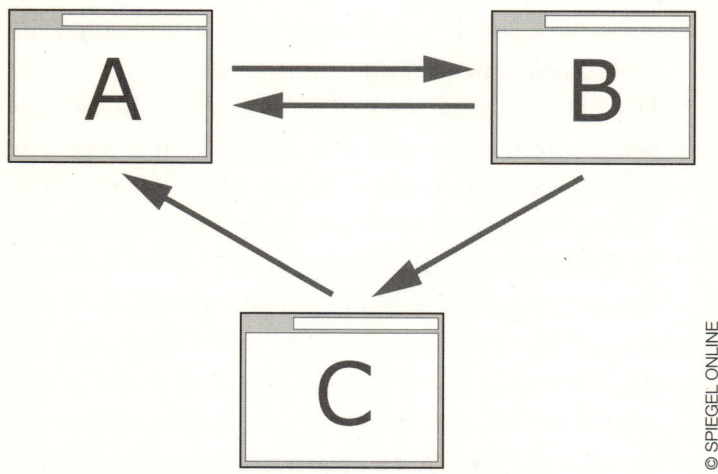

Mini-Web: Linkpopularität entscheidet über Page Rank

Ein simples Beispiel eines Mini-Internets aus drei Webseiten verdeutlicht, wie dieses Ranking-System in der Praxis funktioniert. Von der Seite A führt ein Link zu B, von B je einer zu A und C. Von C gibt es nur eine Verknüpfung zu A (siehe Abbildung). Damit erhalten wir folgendes Gleichungssystem:

$$p_A = \frac{(1-d)}{3} + d(\frac{p_B}{2} + p_C)$$

$$p_B = \frac{(1-d)}{3} + d(p_A)$$

$$p_C = \frac{(1-d)}{3} + d(\frac{p_B}{2})$$

Nun lösen wir das Gleichungssystem und verwenden dabei d=0,15, ein Wert, den Google nach eigenen Angaben in der Ranking-Berechnung nutzt.

$$p_A = 0,2833 + 0,075\, p_B + 0,15\, p_C$$
$$p_B = 0,2833 + 0,15\, p_A$$
$$p_C = 0,2833 + 0,075\, p_B$$

Setzt man den Term für p_B aus Gleichung zwei in die erste und in die dritte Gleichung ein, und den Term für p_C dann wiederum in die erste, erhält man die Lösung:

$$p_A = 0,355$$
$$p_B = 0,336$$
$$p_C = 0,308$$

Wir haben gesehen, dass bei unserem Mini-Web aus drei Webseiten letztlich ein lineares Gleichungssystem mit drei Unbekannten gelöst werden muss. Bei 30 Milliarden Webseiten besteht das System aus 30 Milliarden Gleichungen mit 30 Milliarden Unbekannten. Man kann einen solchen Gleichungskoloss übrigens auch als quadratische Matrix darstellen und steckt damit mittendrin in der Matrizenrechnung. Für alle, die damit vertraut sind: Der gesuchte Page Rank entspricht dann dem sogenannten Eigenvektor der Matrix.

$\sum$ »Viele Beweise meiner Kollegen verstehe ich nicht. Aber sie verstehen meinen Beweis ja auch nicht.«

Preda Mihailescu, rumänischer Mathematiker
(über seinen Beweis der Catalanschen Vermutung, dass $2^3=8$ und
$3^2=9$ die einzigen beiden Potenzen natürlicher Zahlen sind,
deren Differenz 1 ist)

Bei der Lösung dieses gigantischen Gleichungssystems nutzt Google ein iteratives Verfahren. Das heißt, dass jeder einzelnen Seite ein mehr oder weniger willkürlicher Page Rank zugewiesen und in die rechte Seite der Gleichungen eingesetzt wird. Daraus erhält man neue Page-Rank-Werte, die wiederum eingesetzt werden, und so weiter. Nach etwa hundert Iterationen kommt man auf diese Weise auch bei Systemen mit Millionen Gleichungen der exakten Lösung sehr nah.

Damit ist aber noch nicht erklärt, wie die Trefferliste einer Google-Anfrage zustande kommt. Der Page Rank einer Seite ist nur einer von mittlerweile 200 bis 300 Faktoren, die in die Berechnung einfließen. Hinzu kommen etwa die Textinhalte der Webseite, im html-Code steckende Schlüsselwörter (Tags), der Titel der Seite und weitere Kriterien wie beispielsweise der Zeitpunkt der letzten Aktualisierung.

Die Details der Trefferlistenberechnung hält Google geheim, etwa welches Gewicht Schlüsselwörter im Vergleich zum Seitentitel haben. Allerdings können Experten durch den Vergleich von Webseiten und Trefferlisten Rückschlüsse auf die aktuelle Kalkulationsmethode ziehen – und damit sogar Geld verdienen. Suchmaschinenoptimierung heißt das Geschäft, bei dem Webseiten so lange an den gerade angewandten Google-Algorithmus angepasst werden, bis sie bei Suchanfragen immer möglichst weit oben in der Trefferliste landen. Ein ständiges Katz- und Maussspiel, denn Google betreibt bei seinen Algorithmen ein permanentes Feintuning.

An der eigentlichen Page-Rank-Berechnung hat sich seit dem Start von Google bis heute kaum etwas geändert. Allerdings greift Google mittlerweile in Einzelfällen ein, wenn das Ranking durch sogenannte Linkfarmen massiv manipuliert wird. Das sind Tausende verschiedener Webseiten, die mit dem alleinigen Zweck betrieben werden, durch eine Vielzahl von Links zu einigen wenigen Seiten deren Ranking nach oben zu treiben. Wird eine Linkfarm als solche identifiziert, dann bestraft Google die manipulierten Seiten mit einem Page Rank von null – sie sind somit bei Suchanfragen praktisch nicht mehr auffindbar.

∫ Knobeln, Grübeln, Ausprobieren

Gegeben sind zwei natürliche Zahlen x und y, wobei x größer als y sein soll. Ist $x^8 - y^8$ durch $x - y$ teilbar?

Schneller warten $f'(x) = \dfrac{df(x)}{dx}$

Jeder hasst sie, keiner kommt an ihnen vorbei – kann man Warteschlangen nicht irgendwie erträglicher machen? Klar, sagen Mathematiker: Sie haben das Stau- und Anstehphänomen gründlich erforscht und verblüffende Lösungen gefunden. Nur Supermärkte wollen nicht auf sie hören.

Endlich Feierabend! Jetzt noch einen Drink an der Bar, und die Party kann beginnen. Nur gibt es da zwei Theken: An der einen stehen zehn Leute brav in einer Reihe – an der anderen drängeln sich zehn Leute in einer Traube. Wohin gehen, um möglichst schnell an das ersehnte Getränk zu kommen?

Als Partygänger ist man ziemlich schnell mittendrin in der Mathematik, genauer: in der Warteschlangentheorie. Wissenschaftler beschäftigen sich seit fast hundert Jahren damit – sie suchen die optimale Anstehstrategie. Refael Hassin, einer von ihnen, lehrt an der Universität von Tel Aviv. Er rät Barbesuchern, die es eilig haben, sich in die Menschentraube zu mischen.

»Das ist rational«, sagt Hassin. Denn in der Traube habe man gute Chancen, nicht erst als Elfter bedient zu werden. Man müsse dafür nur ein bisschen drängeln. In der braven Schlange sei langes Warten dagegen garantiert – man werde auf jeden Fall erst als Elfter bedient.

»Die Situation ist sehr speziell«, räumt der israelische Mathematiker ein. Sie zeige aber, dass Leute strategisch denken könnten: »Sie überlegen sich sehr genau, was sie tun.« Gerade beim Warten.

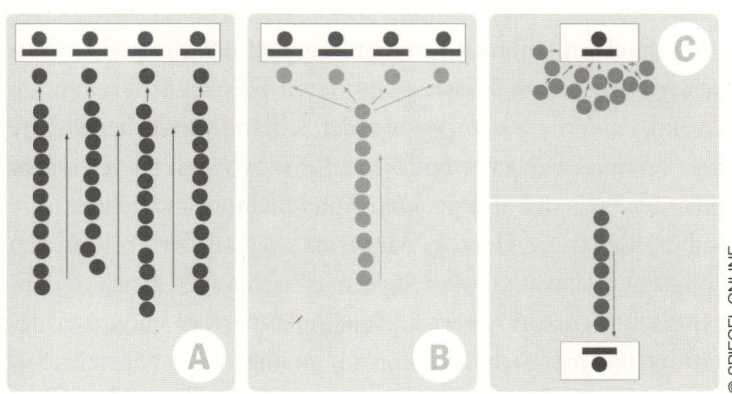

Anstellen mit System: Warteschlangen in Supermärkten (A) frustrieren Kunden häufig. Die amerikanische Schlange (B) ermöglicht mehr Bediengerechtigkeit. Drängeln kann sich in einer unorganisierten Traube lohnen (C, oben), bei einer normalen Schlange (C, unten) wird man in der Reihenfolge des Ankommens bedient.

Hassin untersucht das Anstehen spieltheoretisch – doch das ist nur einer von vielen Ansätzen. Bei komplexeren Problemen wie der Logistik von Karosserieteilen in einer Autofabrik oder den Starts und Landungen auf einem Flughafen greifen Mathematiker zu ganz anderen Werkzeugen. Um die bestmögliche Lösung für ein Warteschlangen-Problem zu finden, jonglieren sie in der sogenannten Queuing Theory mit Ankunftsströmen, Bedienraten, der Größe des Warteraums und der Anzahl der Bediener.

Erschwert wird die Suche nach einer optimalen Lösung

vor allem durch den Faktor Zufall. Er ist es in der Regel, der Warteschlangen überhaupt produziert.

Beispiel Flugverkehr: Ein Flugzeug hat einen Defekt und verspätet sich, eine andere Maschine muss auf Anschlussreisende warten – schon nimmt das Chaos seinen Lauf.

Beispiel Supermarkt: Kunden kommen nicht in gleichmäßigen Abständen zur Kasse; es gibt zum Beispiel Stoßzeiten am Abend. Außerdem kann es an jeder Schlange unvorhersehbare Verzögerungen geben, wenn die ec-Karte Schwierigkeiten macht oder der Preis der abgepackten Äpfel nicht ausgezeichnet ist.

Für Alexander Herzog, Mathematiker an der Technischen Universität Clausthal, sind Supermarktschlangen gleich in doppelter Hinsicht ein Ärgernis. Zum einen wird er immer wieder gefragt, wie man sich denn nun am intelligentesten anstellt. Seine wenig befriedigende Antwort: Bei zwei längeren Schlangen ist es praktisch egal, für welche man sich entscheidet, denn »Unregelmäßigkeiten im Bedienprozess sind viel wichtiger als geringe Längendifferenzen«. Auch in der kürzeren Schlange werde man nur in gut 50 Prozent der Fälle wirklich schneller bedient.

Zum anderen ärgert den Mathematiker, dass es durchaus eine faire Lösung gäbe – Supermärkte sie aber kaum umsetzen. Ihr Name: amerikanische Warteschlange.

Sie ist das Ideal der Experten. Bei ihr stellen sich Kunden nicht an mehreren einzelnen Schlangen an, sondern an einer einzigen großen – und werden dann von dort an die nächste freiwerdende Kasse verteilt (siehe Seite 85 Abbildung B).

Das System ist auf Flughäfen, Bahnhöfen und in Postfilialen inzwischen auch in Deutschland üblich. Es führt zu einer gerechteren Verteilung der Wartezeit über die Kunden. Auch wenn die amerikanische Schlange länger aussieht und deshalb manchen abschreckt: Sie wird in der Regel schnell abgearbeitet.

Mit diesem System kann es einfach nicht passieren, dass sich ein Supermarktmitarbeiter an der einen Kasse langweilt, während an der anderen drei Leute darauf warten, dass ein Kunde ganz vorn ein 20-Cent-Stück aus seinem Portemonnaie gefingert hat. »Es gibt mehr Bediengerechtigkeit, es wird weniger Arbeitszeit verschwendet«, sagt Herzog.

Die amerikanische Schlange hilft aber nur bei sinnvoll dimensionierten Systemen, warnt Herzog. Wenn zu viele Kunden kämen, gebe es auch mit diesem System lange Wartezeiten.

Total unwahrscheinlich

Ein Mathematiker in Panik: Er fliegt zum ersten Mal mit einem Flugzeug und fürchtet sich wahnsinnig vor einer Bombe, die an Bord sein könnte. Wie besiegt er seine Angst? Er nimmt selbst eine Bombe mit an Bord, denn die Wahrscheinlichkeit, dass zwei Bomben in einem Flugzeug sind, ist wesentlich kleiner, als dass eine Bombe an Bord ist.

Die mitunter sehr langen Schlangen in Supermärkten kommen dem Experten zufolge vor allem dadurch zustande, dass die Wartezeit der Kunden die Unternehmen im Prinzip nichts kostet. In der Abwägung zwischen längeren Wartezeiten und dem Öffnen zusätzlicher Kassen entscheide sich der Marktbetreiber meist gegen den Kunden und für niedrigere Personalkosten – weil die Verärgerung der Kunden nicht so einfach in

Verluste umzurechnen sei. Herzog konstatiert: »Supermärkte sind üblicherweise kein reales Anwendungsgebiet für die Optimierung von Warteschlangen.«

In der industriellen Fertigung oder Logistik ist das anders. Hier geht es rasch um viel Geld – zum Beispiel wenn Hunderte halbfertige Produkte sich vor Maschinen stauen. Oder wenn Computerchips, deren Preis ständig sinkt, Monate brauchen, bis sie alle Stationen der Fertigung passiert haben. »Kürzere Durchlaufzeiten sind ein echter Wettbewerbsvorteil«, sagt Thomas Hanschke, Mathematikprofessor an der TU Clausthal.

Der Stochastikexperte hat für Chiphersteller und die Lufthansa gearbeitet und Empfehlungen für die Optimierung der Betriebsabläufe gegeben. Sein Fazit: »Man sollte die theoretische Kapazitätsgrenze nicht voll ausnutzen, das ist das Geheimnis.« Die letztlich entscheidende Frage sei, wie nah man an diese Grenze gehe. Dafür gebe es eine grundsätzliche Regel: »Je größer zufällige Einflüsse sind, umso mehr muss man unter der theoretischen Kapazitätsgrenze bleiben«, sagt Hanschke. Nur so habe man genügend Reserven, um Störungen ausgleichen zu können.

Hanschkes Team hat den gesamten europäischen Flugplan der Lufthansa simuliert. Das Ziel: Starts und Landungen so terminieren, dass Verspätungen ausgeglichen werden können. »Dank unserer Optimierung am Flughafen Frankfurt spart die Lufthansa jährlich 70.000 Tonnen Kerosin«, sagt Hanschke.

Details der Optimierung kann Hanschke auf Wunsch des Auftraggebers nicht preisgeben – nur so viel: Es ging unter anderem um die Frage, ob einzelne Flüge verschoben und wie viele Starts und Landungen auf dem Flughafen Frankfurt pro

Stunde durchgeführt werden. Das Modell umfasst rund 250 Flugzeuge mit je sieben bis acht Flügen pro Tag, inklusive der Zeiten für Reinigung und das Beladen mit Bordmahlzeiten.

∫ **Knobeln, Grübeln, Ausprobieren**

Haben Sie bei dem Witz über den Mathematiker, der zur eigenen Beruhigung eine Bombe mit ins Flugzeug nimmt, auch etwas gestutzt? Würde ein Mathematiker das wirklich tun? Oder steckt ein Denkfehler dahinter?

Die Mathematiker haben verschiedene Szenarien durchgespielt: Lassen sich die Umsteigezeiten verkürzen, zum Beispiel durch eine bessere Beschilderung im Terminal oder mehr Bodenpersonal? Wie lange soll auf noch fehlende Passagiere gewartet werden? Ab welcher Verspätung ankommender Flugzeuge soll ein in Frankfurt bereitstehendes Reserveflugzeug einspringen?

Das komplexe System des Lufthansa-Flugplans zeigte den Mathematikern zugleich die Grenzen ihrer Simulationswerkzeuge auf. Es sei »absolut hoffnungslos«, die tatsächlich optimale Lösung zu finden, sagt Alexander Herzog. Es gebe schlicht zu viele Stellschrauben, an denen man drehen könne. »Wir nennen unsere Software deshalb auch entscheidungsstützende Werkzeuge.«

Der Gau in Sachen Simulation ist eine mehrstündige oder über mehrere Tage andauernde Unterbrechung des Flugverkehrs, etwa wegen extrem schlechten Wetters. Die Wiederherstellung des Normalbetriebs, im Flieger-Jargon Operation Recovery genannt, wird dann von erfahrenen Managern übernommen. »Das ist fernab von dem, was man mit Computern machen kann«, räumt Herzog ein.

Für den auf irgendeinem Flughafen der Welt gestrandeten Reisenden kann im Falle des totalen Chaos die Strategie des israelischen Mathematikers Hassin wieder interessant werden. Wenn Hunderte Anschlussreisende einen Counter belagern, ist Individualität gefragt. Entweder man drängelt sich geschickt nach vorn – oder aber man greift irgendwo am Rande des Geschehens einen Airline-Mitarbeiter ab und bringt ihn dazu, eine der begehrten Bordkarten auszustellen.

Knobeln, Grübeln, Ausprobieren

Kennen Sie das Ziegenproblem? Der Klassiker aus der Wahrscheinlichkeitsrechnung sorgt immer wieder für erhitzte Diskussionen. Selbst Mathematiker geben mitunter die falsche Lösung an. Worum geht es? In einem TV-Studio sind drei Türen aufgebaut. Hinter einer steht ein Auto – der mögliche Gewinn, hinter den anderen beiden warten je eine Ziege – die Nieten. Der Kandidat wählt eine Tür, die aber zunächst verschlossen bleibt. Stattdessen öffnet der Moderator eine der beiden anderen Türen, und zwar eine, hinter der eine Ziege steht. Nun bietet der Moderator dem Kandidaten an, dass er sich auch noch für die dritte, bislang unbeachtete Tür entscheiden kann. Soll der Spieler dies tun?

Die Jagd nach immer größeren Primzahlen

Unteilbar und gigantisch: Die größten Primzahlen der Welt haben mehr als zehn Millionen Stellen. Bei der Suche nach immer neuen Rekordzahlen geht es um sichere Datenverschlüsselung – und um lukrative Prämien.

Es ist die wohl seltsamste Lotterie des Internets, an der mathematikbegeisterte Surfer seit Jahren teilnehmen. Nachdem sie eine Software namens Gimps installiert haben, bekommt ihr Computer von einem Server eine achtstellige Primzahl p zugeteilt. Diese ist, wie jede Primzahl, nur durch eins und sich selbst teilbar. Das Programm berechnet dann die Zahl 2^p-1 und überprüft, ob es sich dabei wiederum um eine Primzahl handelt. Das ist höchst mühselig: Mit derartigen Berechnungen ist selbst ein moderner PC tagelang beschäftigt.

Welche achtstellige Primzahl man als Teilnehmer des Gimps-Projekts zur Überprüfung bekommt, ist eine Frage des Zufalls. Wer großes Glück hat und dabei eine neue Primzahl findet, kann viel Geld gewinnen. 150.000 Dollar hat die Electronic Frontier Foundation (EFF) für die Entdeckung der ersten Primzahl mit mindestens hundert Millionen Stellen ausgelobt. Bei mehr als einer Milliarde Stellen locken sogar 250.000 Dollar. Der Preis geht an die Person, deren Rechner die Zahl ausfindig gemacht hat.

Die letzten beiden Rekordzahlen aus dem Jahr 2008 haben erstmals die Marke von zehn Millionen Stellen übertroffen. $2^{43.112.609}$-1 lautet die größte Zahl, bei der es sich um eine sogenannte Mersenne-Primzahl handelt. Entdeckt wurde sie von einem Team an der University of California in Los Angeles. Das Zahlenmonster zählt genau 12.978.189 Stellen. Die EFF-Prämie dafür liegt bei 100.000 Dollar.

Mersenne-Primzahlen lassen sich in der Form 2^P-1 darstellen, wobei auch der Exponent p eine Primzahl ist. Für sie interessieren sich Mathematiker besonders, denn Mersenne-Primzahlen haben einen entscheidenden Vorteil: Man kann sie vergleichsweise leicht finden.

Ein- und zweistellige Primzahlen wie 3, 5, 7 und 11 kennt man aus der Schule. Die Suche nach großen Primzahlen mit Hunderten, Tausenden oder Millionen Stellen ist ungleich schwieriger. Das liegt daran, dass man großen Zahlen ihre Teiler schlicht nicht ansieht – eine nicht nur für Mathematiker missliche Situation.

»Für Mersenne-Zahlen gibt es ein vergleichsweise effizientes Verfahren, um zu überprüfen, ob es eine Primzahl ist oder nicht«, sagt Florian Heß, Mathematiker an der TU Berlin. Bei anderen zufällig ausgewählten Zahlen sei die Sache ungleich schwieriger. In einigen Tagen Rechenzeit – wie bei Mersenne-Zahlen üblich – könne man da nicht mehr feststellen, ob die Zahl weitere Teiler außer eins und sich selbst habe.

Primzahlen faszinieren die Menschheit seit Jahrtausenden – eine echte Anwendung gibt es aber erst, seit leistungsfähige Computer verfügbar sind. Bei der Verschlüsselung von Daten spielen Primzahlen nämlich eine entscheidende Rolle. Das sogenannte RSA-Verfahren, mit dem beispielsweise Bankwebseiten verschlüsselt kommunizieren, nutzt die Tatsache aus, dass eine große Zahl nur mit extrem großem Aufwand in ihre Primfaktoren zerlegt werden kann.

Die RSA-Verschlüsselung ist nicht kompliziert: Die Bank multipliziert zwei 150- oder besser noch 300-stellige Primzahlen miteinander. Das Produkt geht in den sogenannten öffentlichen Schlüssel ein, mit dem der Bankkunde die an den Bankserver zu sendenden Daten verschlüsselt. Dies erledigt der Webbrowser von allein. »90 Prozent aller Sicherheitsanwendungen im Internet beruhen auf diesem Verfahren«, sagt der Berliner Mathematiker Florian Heß. Zum Entschlüsseln benötigt man entweder die beiden Primzahlen, welche die Bank folgerichtig geheim halten muss, oder aber einen gigantischen Rechnerpark.

$\sum$ »Es gibt Dinge, die den meisten Menschen unglaublich erscheinen, die nicht Mathematik studiert haben.«

Archimedes, griechischer Mathematiker und Physiker

Die Sicherheit dieser Form der Kryptografie beruht allein darauf, dass das Knacken des Schlüssels zu viel Rechenpower und Zeit benötigt. Weil Computer immer leistungsfähiger werden, müssen in der Kryptografie immer größere Primzahlen zum Einsatz kommen – daher ist die Suche nach immer größeren Primzahlen auch von ganz praktischem Interesse.

Machen die nun entdeckten zwei neuen größten Primzahlen die Kommunikation im Internet weniger sicher? Nein, lautet die Antwort von Günter Ziegler, Professor für Mathematik an der TU Berlin. »Die Datensicherheit im Internet ist durch den neuen Rekord nicht gefährdet«, erklärt er. Der Grund dafür liegt in der bereits beschriebenen Besonderheit der Mersenne-Zahlen: Ob sie prim sind oder nicht, kann ein Computer relativ schnell prüfen. Das ist bei anderen, von Banken genutzten Zahlen nicht der Fall.

Einige grundlegende Fragen zu Primzahlen haben Mathematiker bereits in den vergangenen Jahrhunderten beantworten können. So zum Beispiel jene nach der Menge der existierenden Primzahlen: Es sind unendlich viele (zum Beweis dafür siehe Seite 74).

Luftnummer

Drei Männer haben sich bei einer Fahrt mit einem Heißluftballon verirrt. Einer lehnt sich über den Rand des Korbes und schreit zu einem Spaziergänger auf der Straße hinunter: »Hallo! Wo sind wir?« Nach 15 Minuten kommt eine Antwort: »Im Korb eines Ballons.« Darauf sagt einer der Männer »Das war garantiert ein Mathematiker!« Verwundert fragen die anderen: »Woher willst du das wissen?« Daraufhin antwortet der erste: »Aus drei Gründen. Erstens hat er lange gebraucht, zweitens war seine Antwort absolut richtig, und drittens war sie völlig nutzlos.«

Ein anderes, bislang aber ungelöstes Problem, bei dem auch Primzahlen eine Rolle spielen, ist die sogenannte Riemannsche Vermutung. Der deutsche Mathematiker Bernhard Riemann hatte vor mehr als 150 Jahren die Hypothese aufgestellt, dass die Nullstellen der sogenannten Riemannschen Zetafunktion auf einer Geraden liegen. Die Zetafunktion hat eine große Bedeutung in der analytischen Zahlentheorie, einem Teilgebiet der Mathematik.

»Diese Funktion kann mithilfe von Primzahlen definiert werden«, erklärt Florian Hess von der TU Berlin. Riemanns Vermutung sei mit Computern für Millionen von Nullstellen zwar bereits bewiesen worden, der endgültige Beweis stehe aber noch aus. »Das ist eines der größten ungelösten Probleme der Mathematik«, sagt Hess.

Eine Lösung ist auch deshalb von großem Interesse, weil sich mit der Zetafunktion die Laufzeiten von Algorithmen abschätzen lassen – äußerst hilfreich bei aufwendigen Berechnungen. Wer die Riemannsche Vermutung beweist, wird jedoch nicht nur berühmt, sondern auch reich. Eine Million Dollar hat das Clay Mathematics Institute als Preis ausgesetzt.

Im Vergleich dazu ist die Suche nach immer größeren Primzahlen schlecht bezahlt – allerdings muss sich der Gewinner dabei auch nicht den eigenen Kopf zerbrechen. Die Arbeit übernimmt die Gimps-Software auf dem PC.

Knobeln, Grübeln, Ausprobieren

Ist die Zahl 999.999 durch 1001 teilbar? Sie brauchen für die Lösung keinen Taschenrechner.

Das Jeder-kennt-jeden-Gesetz

Über 30 Milliarden Instant Messages haben Forscher ausgewertet. Am Ende stand die verblüffende Erkenntnis: Es gibt tatsächlich ein Grundgesetz für soziale Netzwerke. Jeder kennt jeden über 6,6 Ecken – wie von einem Psychologen schon vor Jahrzehnten postuliert.

Dass die Welt ein Dorf ist, muss eigentlich nicht mehr bewiesen werden. Warum sollte man sonst einen Schulfreund in einer kleinen Kneipe auf einer Karibikinsel treffen, den man seit mehr als 20 Jahren nicht gesehen hat? Netzwerk-Theoretiker sprechen vom sogenannten Kleine-Welt-Phänomen. Der 1967 vom amerikanischen Psychologen Stanley Milgram geprägte Begriff besagt, dass jeder Mensch jeden beliebigen anderen Menschen über durchschnittlich sechs Ecken kennt.

> Σ »Die meisten von uns sind ganz normale Menschen, die Auto fahren und Lebensmittel einkaufen können.«
>
> Albrecht Beutelspacher, Leiter des Mathematikums in Gießen

Milgrams These stand allerdings jahrzehntelang auf wackeligem Fundament, denn sie beruhte auf einem verblüffend kleinen und noch dazu mangelhaftem Experiment: Der Forscher hatte 296 Personen gebeten, einen Brief an eine vorgegebene, ihnen jedoch unbekannte Person zu senden. Sie sollten ihn einfach an den Bekannten schicken, von dem sie glaubten, dass er den Empfänger kennen könnte. Nur 64 der ursprünglich 296 Sendungen erreichten ihr Ziel. Die Ketten, die zum Empfänger führten, hatten eine mittlere Länge von sechs Personen.

Das Experiment wurde zu Recht kritisiert, vor allem, weil nur ein geringer Teil der Ketten überhaupt bis zum Empfänger führte. Auch die Tatsache, dass die Beteiligten den Brief an eine ausgewählte Person schicken sollten, dürfte das Ergebnis verfälscht haben. Womöglich kannte ja ein anderer Bekannter die Zielperson? Oder zumindest ihren Bruder? Nichtsdestotrotz: Das Kleine-Welt-Phänomen war geboren – und es beschäftigt Forscher bis heute.

Erstaunlicherweise haben Studien in den vergangenen Jahren die Zahl von sechs bis sieben bestätigt, die Milgram 1967 bei seinem simplen Experiment entdeckt hatte. Handelt es sich um eine Art Naturkonstante? Über sechs, sieben Ecken kennt jeder Mensch jeden – das Grundgesetz menschlicher Netzwerke?

Den bislang umfassendsten Beleg für diese These haben Jure Leskovec von der Carnegie Mellon University und Eric Horvitz von Microsoft Research geliefert. Die beiden hoben einen Datenschatz, wie ihn nur das weltumspannende Internet ermöglicht. Sie analysierten die Verbindungen von 240 Millionen Instant-Messenger-Accounts im Juni 2006. 30 Milliarden Einzelverbindungen umfassen die Protokolle, das nach Aussagen der Forscher größte je analysierte soziale Netzwerk.

Ergebnis: Durchschnittlich 6,6 Personen lang ist die Kette,

die zwei Menschen verbindet. In Einzelfällen kann der Weg von einer Person zu nächsten aber deutlich länger sein. Bis auf 29 Stationen kamen die Forscher bei der Auswertung der Datenberge. 48 Prozent aller Empfänger können über sechs Stationen erreicht werden, über sieben Personen sind es 78 Prozent der Instant-Messenger-Nutzer.

Schau mir in die Augen

Was unterscheidet einen extrovertierten Mathematiker von einem introvertierten? Der extrovertierte Mathematiker blickt nicht seine, sondern Ihre Füße an, wenn er mit Ihnen spricht.

Horvitz zeigte sich vom Ergebnis der Studie »ziemlich schockiert«, wie er in einem Zeitungsinterview sagte. »Was wir herausgefunden haben, spricht dafür, dass es eine soziale Verbindungskonstante für Menschen gibt.«

Zu einem ähnlichen Ergebnis waren 2003 Forscher der Columbia University in New York gekommen. Duncan Watts und seine Kollegen hatten 61.184 Freiwillige aus 166 Ländern aufgefordert, E-Mails an 18 Zielpersonen aus 13 Ländern zu schreiben. Auch bei diesem Experiment sollten die Teilnehmer jene Bekannten kontaktieren, von denen sie glaubten, dass sie der Zielperson nahestehen könnten. So entstanden 24.163 Kommunikationsketten, von denen allerdings nur 384 zu einem der vorgegebenen Empfänger führten. Das Team von Watts kam zu dem Schluss, dass fünf bis sieben Stationen zu einer gewünschten Person führen.

Die Analyse menschlicher Netzwerke hat übrigens nicht nur zum Kleine-Welt-Phänomen geführt, sondern auch interessante Ungleichverteilungen zutage gebracht. Es gibt Menschen, die nur wenige Kontakte pflegen, und es gibt jenen Hans Dampf in allen Gassen, der einfach alles und jeden kennt. Diese sogenannten Superspreader sind es, die Knoten mit besonders vielen Verbindungen im Netz bilden. Sie sind entscheidend, um Nachrichten zu verbreiten, aber auch ansteckende Viren. Mediziner wollen dies sogar gezielt ausnutzen, um Epidemien zu verhindern, indem sie beispielsweise vor allem Superspreader impfen, wenn das Serum knapp ist.

Knobeln, Grübeln, Ausprobieren

An einer exklusiven Kreuzfahrt nehmen 100 Touristen teil. 75 von ihnen können Englisch, 83 sprechen Französisch. 10 der Teilnehmer sprechen weder Englisch noch Französisch. Wie viele der Touristen sprechen sowohl Englisch als auch Französisch?

Mädchen rechnen genauso gut wie Jungs

Das Vorurteil hält sich hartnäckig: Mädchen und Mathematik passen nicht zusammen. Eine Studie mit sieben Millionen US-Schülern hat jedoch gezeigt, dass es bei Rechnen und Geometrie keine Geschlechterunterschiede gibt.

Laut den gängigen Klischees stehen Frauen so ziemlich mit allem auf Kriegsfuß, was mit Technik oder dreidimensionalen Räumen zu tun hat: Orientierung in fremden Städten, Einparken, Computer, Autos. Und natürlich zählt auch die Mathematik zu den Problemzonen des schwachen Geschlechts. Hat halt zu viel mit Logik zu tun – und weibliche Logik gibt es zwar, aber sie funktioniert völlig anders als die männliche.

Und so hält sich wacker das Vorurteil, dass Mädchen und Frauen eins und eins nicht zusammenzählen können. Es gibt sogar ältere Studien aus den siebziger und achtziger Jahren, die scheinbar belegen, dass das weibliche Geschlecht mathematisch gesehen dem männlichen unterlegen ist, insbesondere wenn es um das Lösen komplexer Aufgaben geht.

© Reuters

Schülerin vor Taschenrechner: »Stereotypen sind gegen Veränderungen sehr resistent«

Allerdings hat eine US-Untersuchung aus dem Jahr 2008 ergeben, dass das Gerede von den mathematisch unbegabten Mädchen schlicht Unsinn ist. Fünf Forscherinnen haben sich die Mühe gemacht, die Prüfungsergebnisse von sieben Millionen US-Schülern der Klassenstufen zwei bis elf systematisch auszuwerten. Die Daten stammen aus der Bildungsinitiative »No Child Left Behind«.

Die von Janet Hyde und ihren Kolleginnen erstellte Statistik hat eine eindeutige Botschaft: Die Geschlechter schneiden in Mathetests fast identisch ab. In manchen US-Bundesstaaten hatten die Mädchen eher die Nase vorn, in anderen dagegen die Jungen. Die Differenz war aber stets minimal. »Wenn man den Gesamtdurchschnitt nimmt, findet man praktisch keinen Unterschied«, sagte Hyde, die als Psychologin an der University of Wisconsin arbeitet. »Eltern und Lehrer sollten ihr eigenes Urteil in dieser Sache überdenken.«

Auch beim Lösen besonders kniffliger Probleme fanden die Forscherinnen keine Differenzen zwischen männlichen und weiblichen Schülern. Hydes Team hatte nämlich auch die Streuung der Testergebnisse analysiert. Und siehe da: Der Anteil besonders leistungsstarker Schüler ist bei Mädchen und Jungen gleich, auch wenn die Datengrundlage in diesem Bereich noch ausgebaut werden muss.

Eindeutig Liebe

Ein Mann ist mit einer Mathematikerin verheiratet. Zum Hochzeitstag schenkt er seiner Frau einen riesigen Blumenstrauß und sagt: »Ich liebe dich!« Sie nimmt den Strauß, wirft ihn in die Ecke und setzt den Mann beleidigt vor die Tür. Was hat der Mann falsch gemacht? Er hätte sagen müssen: »Ich liebe dich und nur dich.«

Die Ergebnisse des Teams um Hyde decken sich mit anderen Studien aus der jüngeren Vergangenheit. So hatte ebenfalls 2008 die Auswertung der Pisa-Ergebnisse von 276.000 15-Jährigen aus 40 Ländern ergeben, dass überall dort, wo sich im Laufe der Jahre eine Gleichberechtigung der Geschlechter entwickelt hat, keine Leistungsunterschiede mehr zwischen Jungen und Mädchen bestehen. In Staaten wie der Türkei sind Jungen hingegen nach wie vor besser.

Fazit: Wenn Mädchen schlechter rechnen, dann hat dies wohl vor allem kulturelle Gründe. Zu diesem Ergebnis waren auch 2006 zwei Forscher der University of British Columbia in Vancouver (Kanada) gekommen. Ilan Dar Nimrod und Steven Heine hatten Frauen Matheaufgaben gestellt. Einer Hälfte der Probandinnen erklärten sie vor dem Test, Frauen seien aus genetischen Gründen mathematisch weniger begabt als Männer. Der anderen Hälfte verkündeten die Forscher, es gebe keine Geschlechterunterschiede. Im Test zeigte die zweite Gruppe die deutlich besseren Leistungen – für die Forscher ein Beleg dafür, dass Motivation und Selbstbewusstsein die Leistungen maßgeblich beeinflussen.

Um auch die letzten Zweifel an den weiblichen Rechenkünsten auszuräumen, müsste sich allerdings noch einiges im Wissenschaftsbetrieb ändern. Nach wie vor sind die meisten namhaften Mathematiker und Physiker Männer. Hinweise auf das angeblich fehlende Mathematiktalent bei Frauen seien für Kinder »unglaublich beeinflussend«, warnt deshalb auch die Psychologin Hyde. »Wenn eine Mutter oder ein Lehrer glaubt, dass man nicht für Mathematik taugt, kann das großen Einfluss auf das Selbstbild haben.«

Dass ihre Studie das alte Vorurteil begraben kann, beurteilt

Hyde allerdings skeptisch: »Stereotype sind gegen Veränderungen sehr resistent.«

Knobeln, Grübeln, Ausprobieren

Julia hat zu ihrem Geburtstag Gäste eingeladen. Ihre Mutter hat Mandarinen besorgt und möchte sie unter den Kindern verteilen. Wenn jedes Kind zwei Mandarinen erhält, dann bleiben vier Mandarinen übrig. Wenn jeder drei Mandarinen erhalten sollte, dann würden drei Mandarinen fehlen. Wie viele Gäste hat Julia eingeladen? Wie viele Mandarinen hat die Mutter besorgt?

Tief in uns schlummert der Logarithmus

Das Einmaleins reicht, denken viele, anspruchsvollere Mathematik ist zu kompliziert. Doch der Mensch besitzt eine erstaunliche Gabe: Er denkt logarithmisch. Das mutmaßliche Erbe der Evolution wird jedoch verdrängt – ausgerechnet durch den Matheunterricht.

Wenn ich Kollegen frage, was der Zehnerlogarithmus von 100 ist, ernte ich Stirnrunzeln oder irritierte Blicke. »Das ist schon so lange her«, heißt es, vereinzelt kommt noch »War das nicht irgendwas mit einem Exponenten?« oder ein verunsichertes »Ist das nicht 2?«.

Ja, stimmt. Denn 10^2 ist genau 100. Wer eine Zahl logarithmiert, sucht den Exponenten zu einer bestimmten Basis (in unserem Fall 10), sodass Basis^{Exponent} gleich der Ausgangszahl ist. Was im Mathematikunterricht noch intensiv gepaukt wurde, spielt im Alltagsleben freilich kaum eine Rolle. Der Logarithmus ist eine mathematische Funktion, die nach der Schule schnell in Vergessenheit gerät.

Aber warum eigentlich? Tief in seinem Innern denkt der Mensch nämlich logarithmisch, wie Psychologen bei Experimenten mit Ureinwohnern im Amazonaswald herausgefunden haben. Das indigene Volk der Munduruku besitzt nur ein eingeschränktes Vokabular für Zahlen, für sechs und acht kennen sie beispielsweise keinen Begriff. Zudem haben Munduruku keine mathematische Bildung westlicher Prägung, was sie zum idealen Studienobjekt für Untersuchungen macht, in denen es um die Wurzeln mathematischer Denkstrukturen geht.

Stanislas Dehaene vom Collège de France in Paris und seine Kollegen haben für ihre Studie 33 Munduruku im Kindes- und Erwachsenenalter vor einen solarbetriebenen Laptop gesetzt. Auf dem Monitor befand sich ein Schieberegler, den die Probanden hin und her bewegen konnten. Eine Skala fehlte, nur linkes und rechtes Ende der Strecke waren mit 1 und 10 bezeichnet. Die Probanden bekamen dann Zahlen vorgegeben, entweder als Wort oder als Menge von Punkten, und sollten den Regler an die passende Position auf der Strecke zwischen 1 und 10 schieben.

Σ «Nicht alles, was gezählt werden kann, zählt, und nicht alles, was zählt, kann gezählt werden.»

Albert Einstein, Physiker und Nobelpreisträger

Das verblüffende Ergebnis: Die Munduruku ordneten die Zahlen nicht linear an, sondern wie auf einer logarithmischen Skala. Kleinere Zahlen wie 2 oder 3 bekamen deutlich mehr Abstand untereinander zugewiesen als größere, etwa 8 und 9. Ein ähnliches Phänomen hatten Forscher bei früheren Studien mit Kindern aus westlichen Ländern beobachtet, die sich noch im Vorschulalter befanden. Auch sie ordneten die Zahlen logarithmisch. Erwachsene aus dem Raum Boston, mit denen das Team von Dehaene den im Dschungel durchgeführten Test wiederholte, nutzten hingegen die uns eher vertraute lineare Einteilung.

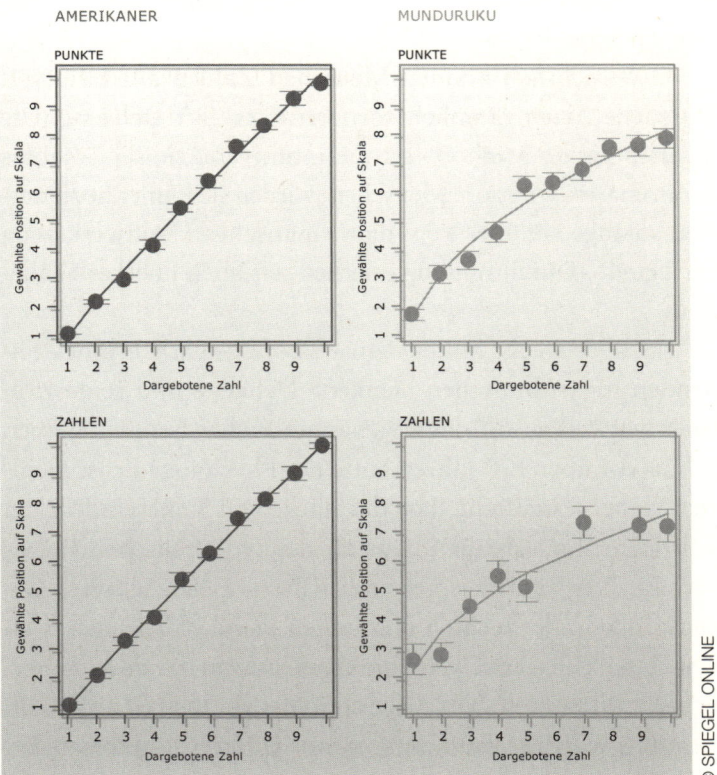

Linear versus logarithmisch: Testpersonen aus Boston ordnen Zahlen auf einer Skala anders als erwachsene Munduruku

»Unsere Untersuchungen zeigen, dass Menschen eine fundamentale Veranlagung dafür haben, Zahlen und Raum zusammenzubringen«, sagt Harvard-Forscherin Elizabeth Spelke. Offenbar sei eine logarithmische Anordnung von Zahlen universell. Die lineare Skala, die Schüler und Erwachsene aus westlichen Ländern verwendeten, sei vermutlich Ergebnis der mathematischen Ausbildung und habe somit kulturelle Gründe.

»Offensichtlich können Menschen Zahlen auf zwei verschiedene Arten räumlich sortieren«, erklärt Dehaene. Die logarithmische Methode sei die intuitivere, sie sei Ergebnis der Primatenevolution. Menschen würden sie immer noch nutzen, solange sie über kein mathematisches Handwerkszeug verfügten. »Durch Bildung erlernen wir auch lineares Skalieren.«

Was aber steckt hinter dem uns offensichtlich innewohnenden logarithmischen Denken? Dehaene und seine Kollegen verweisen auf das sogenannte Weber-Fechner-Gesetz. Schon vor über 170 Jahren hatte der Physiologe Ernst Heinrich Weber festgestellt, dass die Stärke von Sinneseindrücken sich logarithmisch zur Intensität des physikalischen Reizes verhält. Wer zum Beispiel zwei nahezu gleich schwere Gegenstände in der rechten und linken Hand hält, bemerkt einen Unterschied erst, wenn die Gewichte um mindestens zwei Prozent differieren. Bei einer Schokoladentafel (Gewicht 100 Gramm) würden also zwei Gramm Differenz auffallen. Bei zehn Schokoladentafeln (1000 Gramm) müssten es schon 20 Gramm sein, damit man die Gewichtszunahme spürt. Der Logarithmus ist uns Menschen offenbar regelrecht einprogrammiert.

Aber auch die Evolution könnte nachgeholfen haben: Die logarithmische Skala ist einfach kompakter als eine lineare, erklären die Forscher. Man könne damit leicht mehrere Größenordnungen auf einmal überblicken – und dies relativ präzise.

Und der Logarithmus steckt nach wie vor in uns drin: Selbst Schule und Studium können das nichtlineare Denken nicht völlig auslöschen. Die Erwachsenen aus dem Raum Boston, die den Schiebereglertest machten, nutzten nämlich unter Umständen immer noch eine verzerrte Skala, wie die Forscher herausgefunden haben. Und zwar immer dann, wenn sie statt konkreter Zahlen einen Haufen Punkte als Vorgabe bekamen, deren genaue Menge sie nicht überblicken konnten.

Sollten Sie also mal wieder nach dem Logarithmus einer Zahl gefragt werden, dann stellen sie am besten die Gegenfrage: »Können Sie die Zahl nicht als Punktmenge auf Papier bringen? Dann kann ich sie besser logarithmieren.«

∫ Knobeln, Grübeln, Ausprobieren

Ist die Zahl 333333333333333332 durch 4 teilbar?

Rechnen wie die Azteken

Pi mal Daumen – so kalkulierten die Azteken vor fast 600 Jahren die Flächen von Grundstücken. Komplizierter Bruchrechnung gingen sie aus dem Weg und griffen stattdessen zu intelligenten Faustformeln. Wir sollten uns ein Beispiel an ihnen nehmen.

Genauigkeit ist ein Fluch. In der Mathematik gibt es nur richtig und falsch. Wenn die exakte Lösung einer Aufgabe 5,1 lautet, dann liegt 5,05 zwar nahe dran, aber eben daneben. Wer bei einer Rechnung einen kleinen Fehler macht, kommt nie und nimmer aufs richtige Ergebnis. Wäre es anders, stünde die Mathematik quasi als unexakte Wissenschaft da – eine Katastrophe!

Mathematiker wie Albrecht Beutelspacher von der Justus-Liebig-Universität Gießen halten die Exaktheit aber auch für ein Problem. Vor allem, wenn richtig oder falsch zum Dogma wird und Schüler aus Angst vor Fehlern die Lust am Rechnen verlieren. Mehr Mut zur Unschärfe könnte man auch sagen – und diesem Motto folgte offenbar auch das zum Aztekenreich gehörende Volk der Acolhua.

Die Azteken waren penible Buchhalter, wenn es um landwirtschaftlich genutzte Felder und Grundstücksverkäufe ging. Dies zeigen fast 600 Jahre alte Dokumente des Stadtstaats Tepetlaoztoc, die zwei amerikanische Wissenschaftlerinnen eingehend analysiert haben. Die Acolhua nutzten eigene Symbole für Zahlen, zum Beispiel Punkte, Herzen, Hände und Pfeile. Erst in den vergangenen 20 Jahren war es Forschern gelungen, diese ansatzweise zu entziffern.

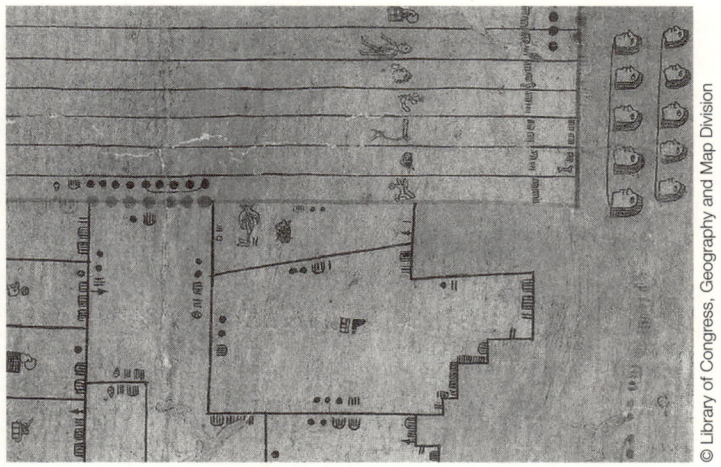

© Library of Congress, Geography and Map Division

Grundstücksplan der Azteken: Striche stehen für ein T (rund 2,5 Meter), schwarze Punkte für 20 T

Nach welchen Formeln aber das Aztekenvolk die Flächeninhalte teils unregelmäßig geformter Grundstücke berechnete, war bislang unklar. Barbara Williams von der University of Wisconsin und ihrer mexikanische Kollegin María del Carmen Jorge y Jorge ist es gelungen, das Rätsel zu lösen. Acolhua-Kongruenz-Arithmetik nennen sie die Methode – und sie beinhaltet vor allem einen Ratschlag: Halte die Rechnung möglichst simpel.

Williams und Jorge y Jorge werteten zwei verschiedene

Karten aus der Zeit zwischen 1540 und 1544 aus. Sie umfassen Hunderte Grundstücke, die zum Stadtstaat Tepetlaoztoc gehörten. Bis zur Acolhua-Hauptstadt Texcoco waren es lediglich sechs Kilometer. Auf der einen Karte ist für jedes Feld seine Fläche angegeben, die andere Karte dokumentiert die Seitenlängen der meist viereckigen Grundstücke.

»Die Grundstücke sind nicht maßstäblich gezeichnet«, berichten die Forscherinnen. Es gebe auch keine Hinweise auf Winkelmessungen oder die Bestimmung der Höhe von Dreiecken, die durch das Einzeichnen von Diagonalen in die Vierecke entstanden seien.

Auf Genauigkeit legten die Acolhua trotzdem großen Wert: Die Seitenlängen wurden in sogenannten *tlaquahuitl* gemessen. Eine solche Längeneinheit misst 2,5 Meter, die Forscherinnen bezeichneten sie kurz als T. Ein senkrechter Strich steht für 1 T, 20 T wurden durch einen ausgefüllten Kreis dargestellt. Neben der Anzahl der T tauchten an den Seitenlinien der Grundstücke auch Bruchteile davon auf – etwa Pfeil ($\frac{1}{2}$T), Hand ($\frac{3}{5}$T) und Knochen ($\frac{1}{5}$T) – und zwar immer dann, wenn eine Kante nicht genau einem ganzzahligen Vielfachen von T entsprach. Die Bedeutung dieser Zeichen haben Williams und Jorge y Jorge mit ihrer Arbeit nun entschlüsselt.

Erstaunlicherweise sind die Flächen der Grundstücke auf den zweiten Karten aber nur in ganzzahligen Vielfachen von T^2 angegeben, obwohl man doch angesichts der krummen Werte der Kanten auch bei der Fläche Nachkommastellen erwarten müsste. Wie kamen die Acolhua auf die Flächenangaben mit glatten Zahlen?

Sie rechneten einfach von Vornherein nur mit ganzen Zahlen – und sie nutzten verschiedene Faustformeln, wie Williams und Jorge y Jorge herausgefunden haben. Die Azteken hätten sechs verschiedene Algorithmen eingesetzt, um die Größe eines viereckigen Grundstücks zu kalkulieren. In den meisten Fällen multiplizierten sie einfach zwei benachbarte Seiten miteinander, a · b, so lautet auch die Flächenformel für Rechtecke.

Σ »Das Buch der Natur ist mit mathematischen Symbolen geschrieben. Genauer: Die Natur spricht die Sprache der Mathematik: die Buchstaben dieser Sprache sind Dreiecke, Kreise und andere mathematische Figuren.«

Galileo Galilei, italienischer Mathemetiker und Astronom

Doch die Felder waren nicht immer rechteckig. Deshalb griffen die Acolhua zu anderen Formeln: Zum Beispiel multiplizierten sie das Mittel zweier gegenüberliegender Seiten mit einer dritten Seite. Oder aber die sogenannte Landvermesser-Regel kam zum Einsatz: Wenn die vier Seiten eines Vierecks die Längen a, b, c und d haben, dann ist seine Fläche näherungsweise

$$\frac{(a+c)}{2} \cdot \frac{(b+d)}{2}$$

Mitunter wurde ein Viereck auch mit einer Diagonale in zwei Dreiecke zerlegt. Deren per Faustformel berechneten Flächen, $a \cdot \frac{b}{2}$ und $c \cdot \frac{d}{2}$, addierten die frühen Mathematiker dann zusammen. In einigen Fällen zogen die Acolhua auch von einer Seite eine Längeneinheit T ab und addierten sie bei der benachbarten hinzu. Als Fläche nahmen sie dann das Produkt der modifizierten Seiten.

Für 60 Prozent der rund 400 untersuchten Felder konnten Williams und Jorge y Jorge die Flächenwerte aus der alten Acolhua-Karte exakt reproduzieren. Dies lege nahe, dass die verwendete Berechnungsmethode tatsächlich der entspreche, die auch die Azteken genutzt hätten, schreiben die Forscherinnen.

Geometrisch gesehen lagen die Acolhua mit ihren Faustformeln freilich nur selten richtig. Das Runden und Mitteln macht die Flächenberechnung zwar einfach, liefert aber eben nur ein näherungsweise richtiges Ergebnis. Williams und Jorge y Jorge weisen jedoch ausdrücklich darauf hin, dass auch Vermesser in Europa zu denselben Faustformeln gegriffen haben. Offensichtlich dachten die Azteken in den gleichen geometrischen Kategorien wie die Menschen in der alten Welt, folgern die Wissenschaftlerinnen.

Für uns Menschen des 21. Jahrhunderts zeigen die frühen Kalkulationen vor allem: Es ist nicht so wichtig, ganz genau zu sein, wenn man zumindest ungefähr richtig liegt. In der Tat ist ein Gefühl für Zahlen, Größenordnungen und Flächen im Alltag von weit größerem Belang als eine komplizierte Formel, die zum exakten Ergebnis führt. Wer grob überschlägt, bemerkt, wenn Taschenrechner oder Computer bizarre Werte ausspucken – und kann so folgenreiche Fehler vermeiden.

Eine Sache an den Flächenformeln der Acolhua bleibt jedoch rätselhaft: Warum griffen sie bei dem einen Grundstück zu der einen Faustformel – und bei dem anderen zu einer anderen? War es Erfahrung, Intuition? Wir werden es wohl nie erfahren, denn es existieren keine exakten Karten, um die berechneten Werte mit den tatsächlichen Flächen vergleichen zu können.

Knobeln, Grübeln, Ausprobieren

Gegeben sei ein konvexes Viereck mit den Seitenlängen a, b, c, d und den Diagonalenlängen e und f. Die Größe u=a+b+c+d ist dann der Umfang des Vierecks. Beweisen Sie: u<2(e+f)<2u.

Die Mathematik des Bergsteigens

Der Berg ruft – doch der Weg zum Gipfel kann beschwerlich sein. Wird's zu steil, empfiehlt sich Zickzack. Das zeigt die Erfahrung, das lässt sich aber auch mathematisch berechnen. Und auch beim Abstieg ist der direkte Weg meist nicht der beste.

Der Mensch will nach oben. Ihn locken die fantastische Aussicht vom Gipfel oder aber Macht und Geld, wenn es darum geht, den Chefsessel zu erklimmen. Es gibt verschiedene Strategien, um es bis an die Spitze zu schaffen. Überflieger nehmen den direkten Weg, Taktiker bevorzugen Seitenpfade und pausieren öfter mal, um sich langsam an die Höhe zu gewöhnen.

Aber welcher Weg ist nun der beste? Marcos Llobera von der University of Washington und Tim Sluckin von der University of Southampton haben diese Frage mit einem mathematischen Modell beantwortet. Die Frage nach dem optimalen Pfad auf einen Berg hinauf stellen sie dabei folgendermaßen: Auf welchem Weg verbraucht der Mensch die wenigste Energie?

Theoretisch gesehen beeinflusst der Weg auf einen Gipfel die aufgewendete Energie nicht. Denn der Mensch muss einfach nur seine potenzielle Energie erhöhen. Es geht schlicht darum, sich Dutzende Meter nach oben zu hieven – auf welchem Weg dies geschieht, ist aus physikalischer Sicht egal. Es zählt allein der überwundene Höhenunterschied.

Die Praxis sieht freilich anders aus: Je steiler ein Weg verläuft, umso größer ist der Energieaufwand pro zurückgelegtem Höhenmeter. Llobera und Sluckin konnten nun zeigen, dass es ab einem bestimmten Anstiegswinkel des Berges günstiger ist, weitere und flachere Wege zu gehen, als direkt nach oben. Um den Gipfel zu erreichen, bietet sich deshalb das Laufen im Zickzack an.

»Ich glaube, die Menschen laufen intuitiv im Zickzack«, sagt Llobera. Das Laufen in Spitzkehren sei die effizienteste Methode, um steile An- oder Abstiege zu bewältigen. Llobera beschäftigt sich als Anthropologe seit Längerem mit dem Verlauf von Wegen in Landschaften. Immer wieder ist er dabei auf Serpentinen und Spitzkehren gestoßen.

Im Zickzack durch die Berge

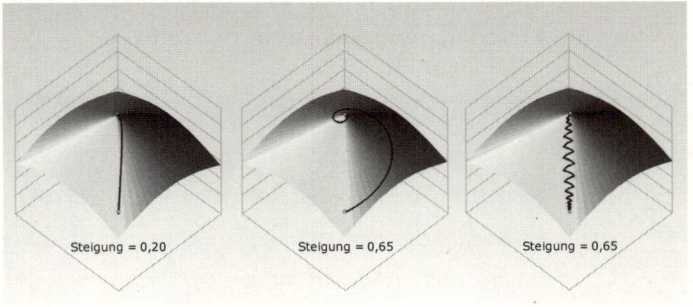

Steigung = 0,20   Steigung = 0,65   Steigung = 0,65

© M. Llobera/SPIEGEL ONLINE

Wege auf Mount Conicus: Die beiden linken Grafiken zeigen den energetisch besten Weg zum Gipfel für einen flachen (links) und einen steilen Kegelberg (Mitte). Der Abstieg von Bergen, deren Gefälle größer ist als der kritische Winkel von 12,4 Grad, sollte im Zickzack erfolgen (rechts)

Gemeinsam mit dem Mathematiker Sluckin hat er ein Modell entwickelt, das auf dem Energieumsatz in Abhängigkeit von der Steilheit eines Weges beruht. Dabei griffen die Forscher sogar auf Stoffwechselmessungen bei Bergsteigern aus dem Jahr 1938 zurück, die damals der italienische Physiologe Rodolfo Margaria durchgeführt hatte. Aus den vorliegenden, teils Jahrzehnte alten Daten über den Energieumsatz entwickelten Llobera und Sluckin folgende Formel:

$$M(a) = 2{,}635 + 17{,}37a + 42{,}37a^2 - 21{,}43a^3 + 14{,}93a^4$$

Die Variable a ist dabei der Anstieg des eingeschlagenen Weges – genauer gesagt der Tangens des Anstiegswinkels. M(a) beschreibt den Stoffwechsel in Kilojoule pro zurückgelegtem Meter in Abhängigkeit vom Anstieg a. Die Koeffizienten wie 2,635 und 17,37 wählten die Forscher so, dass die Gleichung die Messdaten möglichst gut reproduziert.

> Σ »Wie ist es möglich, dass die Mathematik, letztlich doch ein Produkt menschlichen Denkens unabhängig von der Erfahrung, den wirklichen Gegebenheiten so wunderbar entspricht?«
>
> Albert Einstein, Physiker und Nobelpreisträger

Diese Formel ist der Schlüssel zur Klärung des Rätsels, warum viele Wege in den Bergen im Zickzack verlaufen.

»Es gibt einen kritischen Anstieg, wo es aus Stoffwechselsicht zu aufwendig wird, gerade nach oben zu gehen«, sagte

Llobera. Dies sei Ergebnis der mathematischen Optimierung. Das Abweichen vom direkten Weg mache es notwendig, die ursprünglich gewählte Richtung immer wieder zu wechseln, um sich nicht zu weit vom Ziel zu entfernen – das typische Zickzackmuster entsteht. »Je steiler ein Berg ist, umso wichtiger wird es, ihn im richtigen Winkel zu erklimmen.«

Wann aber sollte man zum Zickzack übergehen? Die Forscher haben als kritischen Winkel für Anstiege 16,0 Grad berechnet. Mit diesem Wissen konnten Llobera und Sluckin den optimalen Weg auf einen Berg berechnen, der ein perfekter Kegel ist. Wenn der Anstieg des Kegels über dem kritischen Winkel von 16,0 Grad liegt, erklimmt ein Wanderer Mount Conicus, wie die Forscher ihren Modellberg nennen, auf einem Pfad, der dem Gewinde einer Schraube gleicht (siehe Abbildung Seite 117 Mitte). Der Wanderer könnte jedoch auch im Zickzack laufen. Nimmt man an, dass die Kehrtwenden keine zusätzliche Energie erfordern, wäre der Energieaufwand identisch.

Für Abstiege liegt der kritische Winkel hingegen bei 12,4 Grad, ist also kleiner als bei Anstiegen. »Es ist schwieriger, steile Berge nach unten zu laufen als nach oben«, erklärt Llobera, dies wüssten Bergsteiger nur zu genau.

Die verblüffende Asymmetrie bei Auf- und Abstieg steckt bereits in der Stoffwechsel-Formel M(a): Weil der kubische Term a^3 ein negatives Vorzeichen hat, erhöht sich der Energieaufwand beim Bergablaufen, weil in diesem Fall der Anstieg ebenfalls negativ ist. Ein Produkt zweier negativer Zahlen ist positiv – dies macht steile Abstiege, mathematisch gesehen, so besonders mühsam.

»Man könnte annehmen, dass Abwärtslaufen umsonst ist«, sagt der Jenaer Sportwissenschaftler Reinhard Blickhan. Dies sei jedoch nicht der Fall, da die Muskulatur bei jedem Schritt bremsen müsse. »Das kostet leider auch metabolische Energie.« Den Ansatz der beiden Forscher zur Berechnung des optimalen Weges durch die Berge hält Blickhan für »brauchbar und durchaus klug gemacht«.

Die Formel der Forscher enthüllt übrigens auch, dass leicht bergab verlaufende Wege energetisch am günstigsten sind – ein Ergebnis, das sich mit den Erfahrungen von Wanderern deckt. Das Minimum für den Stoffwechsel liegt bei einem Winkel von minus 10 Grad. Wird es steiler, steigt der Energieaufwand schnell stark an, bereits bei 12,4 Grad Gefälle ist der kritische Winkel erreicht, ab dem man im Zickzack laufen sollte.

Das Ergebnis der mathematischen Analyse des Bergsteigens mag vielleicht trivial erscheinen. Es könnte jedoch den Verlauf vieler Straßen in den Bergen erklären, denn diese folgen oft alten, von Menschen angelegten Pfaden. Wie steil eine Straße maximal sein darf, hätten somit Fußgänger entschieden – eine interessante Hypothese.

Knobeln, Grübeln, Ausprobieren

Ein Radsportler will eine zehn Kilometer lange Strecke mit einer Durchschnittsgeschwindigkeit von 40 km/h fahren. Die ersten fünf Kilometer führen bergauf. Auf dem Gipfel stellt der Fahrer fest, dass er bis dorthin mit nur durchschnittlich 20 km/h unterwegs war. »Macht nichts«, sagt er sich, »dann fahre ich bergab eben 60«.

a) Welche Durchschnittsgeschwindigkeit hat er auf der gesamten Strecke dann tatsächlich erreicht?

b) Wie schnell hätte er bergab fahren müssen, um die anvisierte Durchschnittsgeschwindigkeit zu erreichen?

Der Fußballgott würfelt

Lattenknaller, böse Fouls und schreiende Fans – beim Fußball geht es emotional hoch her. Ein Fehler, glaubt ein Physiker aus Münster, der das Gekicke ganz nüchtern analysiert hat. Er ist sich sicher: Fußball gleicht in vielen Aspekten einem Würfelspiel.

Glück oder Pech – in solchen Kategorien denken Wissenschaftler nicht so gern. Stattdessen sprechen sie lieber von Zufall, Wahrscheinlichkeit, Würfeln. Oder wenn sie es ganz präzise ausdrücken: einer sogenannten Poisson-Verteilung.

Andreas Heuer, ein Physiker von der Universität Münster, hat nun untersucht, ob das von Millionen Menschen weltweit geliebte Fußballspiel nicht als Würfelspiel angesehen werden muss.

Er ist nicht der Erste, der versucht, die Frage von Sieg, Unentschieden oder Niederlage mit mathematischen Mitteln zu klären. Forscher haben bereits eine komplette Bundesliga simuliert, in der der Ausgang eines Spieles reiner Zufall war – mit erstaunlichen Ergebnissen. Die Tabelle der Zufallsliga ähnelte jener der tatsächlichen Liga auf frappierende Weise.

Heuer und seine Kollegen von der Universität Münster sind einen etwas anderen Weg gegangen. Sie haben die Ergebnisse von rund 12.000 Spielen der Bundesliga seit 1965 in eine Datenbank gefüttert und per Software ausgewertet.

Ihr erklärtes Ziel: die Rolle des Zufalls bestimmen. Zumindest die Zahl der Heimtore lasse sich sehr gut als reiner Würfelprozess beschreiben, sagt Heuer. Man habe eine Formel gefunden, mit der man die zu erwartende mittlere Zahl der Heimtore vorhersagen könne – allerdings nur die, und nicht den Ausgang des Spiels.

Modell des Fußballspiels: Tore werden gewürfelt

Hauptsächlich zwei Faktoren fließen in die Formel ein: die Torstärke der Heimmannschaft und die Abwehrstärke der Gäste. Heuer vergleicht das Toreschießen mit mehrmaligem Würfeln: Jedes Mal, wenn eine Sechs falle, werde auch ein Tor geschossen. Wie oft gewürfelt wird, hängt von den beiden Faktoren Torstärke und Abwehrstärke ab. »In einigen Spielen darf eben neunmal, in anderen 14-mal gewürfelt werden«, erklärt der Physiker, der bekennender Fan von Borussia Dortmund ist. Die Analyse der 12 000 Bundesligaspiele zeige, dass die Würfelhypothese »mit erschreckender Genauigkeit« gelte.

Clever entschieden

Wenn ein Mathematiker wählen muss zwischen einem belegten Brötchen und ewiger Seligkeit, was nimmt er? Natürlich das Brötchen: Nichts ist besser als ewige Seligkeit – und ein belegtes Brötchen ist besser als nichts.

Heuer beschäftigt sich auch mit Positiv- und Negativserien und mit der Frage, ob es das Konzept einer ausgeprägten Heim- beziehungsweise Auswärtsmannschaft tatsächlich gibt. Für die Legende besonders heim- oder auswärtsstarker Mannschaften fand Heuer, entgegen der landläufigen Meinung, keine statistische Untermauerung.

Auch die alte Fußballweisheit von einer Siegesserie, die eine Mannschaft angeblich stärkt, glaubt Heuer bereits widerlegt zu haben. »Eine Mannschaft, die viermal gesiegt hat, spielt nach dieser Serie schlechter, als es ihrer eigentlichen Leistung entspricht«, sagt er. Beim nächsten Auswärtsspiel sei die Gewinnwahrscheinlichkeit sogar um ein Viertel geringer. Ob das nun aus Übermut geschieht oder eine gegnerische Mannschaft nach einer solchen Serie besonders motiviert ist, kann Heuer nicht sagen. »Das ist eher Psychologie«, meint er.

Den theoretischen Physiker Heuer fasziniert am Fußball das Zusammenspiel von Systematik und Zufall. »Es ist spannend, diese beiden Aspekte mit den Methoden der Statistik zu trennen«, sagt er. »Trotz des besseren Verständnisses sind einzelne Fußballspiele immer noch schwer vorherzusagen.« Eine statistische Torchance sei eben noch kein Tor. Es könne auch ein Lattenschuss sein: »Genau das macht für mich den Reiz aus.«

Knobeln, Grübeln, Ausprobieren

Im Würfelbecher sind zwei Würfel. Ist die Wahrscheinlichkeit für zwei Sechsen genauso groß wie jene für eine Sechs und eine Fünf?

Die Mathematik der Schildkrötenrolle

Fällt eine Schildkröte auf den Rücken, hat sie ein Problem: Kopf und Füße hängen in der Luft. Viele Arten kommen trotzdem wieder auf die Beine. Wie sie das schaffen, haben ungarische Mathematiker systematisch untersucht.

Es war ein Gespräch mit Spätfolgen. 1995 diskutierten zwei Forscher auf einem Kongress in Hamburg über die besondere Rolle der Zahl 4 in verschiedensten Bereichen der Mathematik. Mehr als zehn Jahre später fand sich Gábor Domokos vor einem großen Terrarium in Budapest wieder. Er untersuchte die Panzer von Schildkröten und legte manche von ihnen auf den Rücken, um zu schauen, ob sich die Tiere wieder auf die richtige Seite drehen können.

Inzwischen hat Domokos gemeinsam mit dem Mathematiker Péter Várkonyi eine Studie über die Wendetechnik von Schildkröten veröffentlicht – der vorläufige Höhepunkt einer jahrelangen Forschungsarbeit, die anfangs nur wenig mit gepanzerten Tieren zu tun haben schien.

Domokos hatte 1995 mit dem russischen Mathematiker Wladimir Igorewitsch Arnold über Gleichgewichtspunkte von dreidimensionalen Körpern gesprochen – also jene Stellen, auf denen der Körper liegen bleibt, wenn man ihn auf eine ebene Fläche legt. Ein plattgedrückter Zeppelin etwa besitzt genau sechs solcher Punkte: Zwei sind stabil, die übrigen sind instabil. »Aber geht es auch mit weniger als vier Punkten?«, fragte Domokos. »Ich glaube, ja«, antwortete Arnold, »aber finden Sie's doch einfach heraus!«

Ein Volkswirt, ein Physiker und ein Mathematiker fahren mit dem Zug durch ein fremdes Land. Da sehen sie ein schwarzes Schaf auf der Weide stehen. »Aha,« sagt der Volkswirt, »in diesem Land sind alle Schafe schwarz.« Daraufhin der Physiker: »Nein, in diesem Land gibt es mindestens ein Schaf, das schwarz ist.« Daraufhin der Mathematiker unwillig: »Falsch. In diesem Land gibt es mindestens ein Schaf, das von mindestens einer Seite schwarz ist.«

Es dauerte elf Jahre, bis Domokos und Várkonyi die Aufgabe gelöst hatten. 2006 stellten sie den sogenannten Gömböc vor – die Mathematikergemeinde war begeistert. Das Gebilde sah aus wie ein von Autodesignern gestylter Wassertropfen und besaß erstaunliche Fähigkeiten: Wie man den Körper auch auf eine glatte Oberfläche legte, er kam immer auf die gleiche Weise zum Liegen – mit der dicken Seite nach unten. Der Gömböc gleicht einem Stehaufmännchen, nur dass Tricks wie zusätzliche Gewichte im Innern überflüssig sind.

Der erstaunliche Körper besitzt nur zwei Gleichgewichtspunkte – einen unten und einen oben an der Spitze. Und nur der untere ist stabil. Arnold lag mit seiner Vermutung also richtig: Es gibt auch konvexe dreidimensionale Gebilde mit weniger als vier Gleichgewichtspunkten.

Auf die Idee, den Gömböc mit Formen aus der Natur zu vergleichen, kam Domokos bei einem Spaziergang mit seiner Frau. Auf dem Weg erspähte er einen hilflos auf dem Rücken liegenden Käfer. Das Insekt ruderte mit allen Beinen, um einen kleinen Ast oder ein Blatt zu erreichen und sich so wieder in die aufrechte Lage zu drehen – vergeblich.

Domokos befreite das Tier aus seiner misslichen Lage, konnte sich aber eine Bemerkung nicht verkneifen: »Hätte der Käfer die Form eines Gömböc, hätte er sich von ganz allein aufrichten können.«

Zu Hause angekommen, recherchierte er im Internet und wurde schnell fündig. Vor allem Panzer der Sternschildkröte ähneln auf verblüffende Weise dem Gömböc (siehe Abbildung). Die Schutzschale ist ungewöhnlich hoch und spitz – als hätte die Evolution die Arbeit von Várkonyi und Domokos vorweggenommen.

Dass die Tiere auf dem Rücken landen, kommt durchaus vor, etwa beim Liebesspiel oder beim Duell mit Artgenossen. Mit welcher Technik sich Schildkröten aufrichten, hängt von der Form des Panzers ab, wie die ungarischen Forscher herausgefunden haben. Bei einem flachen Panzer ist vor allem ein kräftiger Hals gefragt, den die Tiere als Hebel nutzen. Je höher der Panzer ist, umso mehr hilft die Schwerkraft.

Gömböc: Rollt immer zurück auf die »Beine«

Verblüffende Ähnlichkeit: Die Panzerform von Sternschildkröten ähnelt dem Gömböc stark

»Wir haben praktisch alle Schildkrötenarten, an die man in Budapest herankommt, einmal in der Hand gehabt«, sagt Domokos. Das seien fast 70 verschiedene Tiere gewesen. Bei 30 davon scannten die Mathematiker den Panzer ein, um ihn als 3D-Modell am Computer genauer analysieren zu können.

20 Schildkröten mussten schließlich zum Tierversuch antreten – im Dienste von Mathematik und Mechanik. »Nur etwa jedes dritte Tier konnte sich vom Rücken auf den Bauch drehen«, sagt Domokos. »Wir wollten die Tiere aber auch nicht unnötig quälen und haben ihnen nur wenige Sekunden zum Aufrichten gegeben.« Wenn das nicht geklappt habe, seien die Tiere sofort wieder umgedreht worden. »Besonders schnell waren Wasserschildkröten«, erzählt Domokos. »Das geht so fix, das kann man kaum fotografieren.«

Sternschildkröten rollen nahezu von allein wieder in die Ausgangsposition – wie der Gömböc. Wenn sie auf dem Rükken liegen, müssen sie nur kurz mit den Beinen wackeln, damit sie den instabilen Gleichgewichtspunkt verlassen und zur

Seite kippen. Zum Schluss ist noch etwas Beinarbeit erforderlich – und schon stehen sie wieder.

Vertreter mit flachem Panzer, etwa Spaltenschildkröten, nutzen praktisch nur ihren Hals. Sie hebeln ihren Körper so weit nach oben, bis der Kipppunkt überschritten ist und sie auf die Füße rollen.

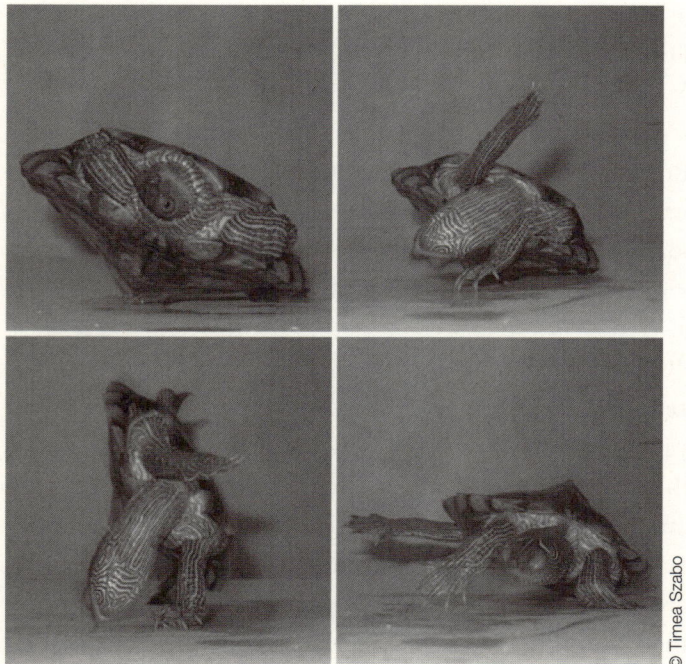

© Timea Szabo

Breakdance? Flotte Drehung dank kräftigem Hals und aktiver Beine

Ist der Panzer mittelhoch, wird die Aufrichttechnik etwas komplizierter: Die Schutzschale der Tiere ist ähnlich wie ein Keil geformt und besitzt neben der aufrechten Position noch zwei weitere stabile Gleichgewichtspunkte: auf dem Rücken liegend, etwa 45 Grad nach links oder rechts gekippt. In der Rückenlage müssen die Schildkröten zunächst mit Beinen und dem Kopf wackeln, damit sie nach rechts oder links rollen und auf einem der stabilen Seitenpunkte zur Ruhe kommen. Dann benutzen sie die Beine, um sich über diesen Punkt hinauszudrücken – bis sie schließlich richtig herum stehen.

Die Aufrichttechnik von Schildkröten war für Biologen bislang kaum von Interesse. Nur bei bestimmten Arten wurde die Zeit, die ein Tier braucht, um wieder auf den Füßen zu stehen, als Maß für deren Fitness gewertet.

Am meisten verblüffte Domokos, wie schlecht mancher Besitzer seine eigenen Schildkröten kannte: »Viele lagen bei ihrer Einschätzung, welches Tier die Rolle schafft, falsch.«

Knobeln, Grübeln, Ausprobieren

Eine Treppe hat zehn Stufen. Auf jeder Stufe liegen viele Erbsen. Ganz oben wird eine Erbse in Bewegung gesetzt und rollt über die Kante. Jede Erbse, die einmal rollt, rollt bis ganz unten. Jedes Mal, wenn eine Erbse über eine Kante rollt, setzt sie auf der nächsten Stufe zusätzlich zwei weitere Erbsen in Bewegung. Wie viele Erbsen kommen unten an?

Rätsel des Möbiusbands gelöst

Welche Form hat eine Schleife, wenn man sie mit verdrehten Enden zusammenklebt? Das sogenannte Möbiusband fasziniert Mathematiker und Künstler seit Jahrzehnten, doch seine genaue Form konnte bis vor wenigen Jahren niemand berechnen.

Fast jeder kennt sie: die Ameisen des M.C. Escher, die der Künstler auf einer Endlosschleife hintereinanderher krabbeln lässt. Sie laufen auf der einen Seite des Bandes – und tauchen dann plötzlich auf der anderen auf, um nach einer weiteren Runde wieder ihren Startpunkt zu erreichen. Die wundersame Schleife trägt den Namen Möbiusband und wurde bereits 1858, unabhängig voneinander, von zwei deutschen Mathematikern entdeckt.

Das verschlungene Band entsteht, wenn man einen längeren Streifen entlang der Längsachse um 180 Grad dreht und die beiden Enden zusammenklebt. Die verblüffenden Eigenschaften der Schleife haben nicht nur Künstler wie Escher inspiriert. Ingenieure montieren Förderbänder und Antriebsriemen als Möbiusband, damit sich beide Seiten des Bandes gleichmäßig abnutzen. Sie nutzen die Tatsache, dass es bei der Schleife weder oben und unten noch innen und außen gibt.

Erstaunliches geschieht, wenn man einem Möbiusband mit einer Schere zu Leibe rückt. Was passiert zum Beispiel, wenn ein Band entlang der Mittellinie in Längsrichtung zerschnitten wird? Zerfällt es in zwei Hälften? Mitnichten: Es entsteht ein neues Band doppelter Länge. Noch verrückter ist das Ergebnis beim Dritteln des Streifens entlang der Längsachse: Jetzt zerfällt das Band tatsächlich – aber in zwei ineinander verschlungene Schleifen, eine davon ist wieder ein Möbiusband. Probieren Sie es am besten selbst mal aus – Papier und Leim genügen.

© University College London

Möbiusband: Die unterschiedlichen Schattierungen kennzeichnen die Energiedichte, die durch Biegen und Verdrehen des Papiers entsteht

Trotz seiner großen und langen Bekanntheit bereitete das Möbiusband Mathematikern bislang einiges Kopfzerbrechen. Seine Eigenschaften hatte man zwar gut verstanden. Aber niemand war in der Lage zu berechnen, wie eine verschlungene Schleife genau aussieht, wenn man die Enden zusammenklebt.

»Es scheint eine einfache Frage zu sein – Kinder spielen damit«, sagte Eugene Starostin vom University College London. Aber wenn man Experten frage, wie man das modellieren könne, gebe es keine Antworten. Die ersten Versuche, Möbiusbänder mathematisch zu beschreiben, gab es in den dreißiger Jahren – jedoch ohne Ergebnis.

Starostin und sein Kollege Gert van der Heijden haben das Rätsel gelöst. Die beiden Forscher bedienten sich einer relativ jungen, nicht einmal 20 Jahre alten Methode aus der Differentialgeometrie, dem sogenannten variationellen Bikomplex. »Die ist außerhalb von Mathematikerkreisen kaum bekannt«, sagt van der Heijden. Und selbst Mathematiker scheinen sich nur selten mit dem variationellen Bikomplex zu beschäftigen – es existiert nicht einmal ein Wikipedia-Eintrag dazu.

Ausgangspunkt der Überlegungen von Starostin und van der Heijden war eines der wichtigsten Prinzipien der Physik: Systeme streben stets den energieärmsten Zustand an – so auch das Möbiusband. »Wir haben die energetischen Auswirkungen von Torsion und Krümmung berücksichtigt«, erklärte van der Heijden. Den Forschern half, dass das Aussehen eines Möbiusbandes vollständig durch seine Mittellinie beschrieben werden kann.

$\sum$ »Die Mathematik ist dem Liebestrieb nicht abträglich.«

Paul Möbius, deutscher Psychiater und Enkel
des Mathematikers August Ferdinand Möbius

Die Form, die die Schleife annehme, minimiere die Deformationsenergie, die auf das Verbiegen zurückzuführen sei, erklären die Forscher. Schließlich stellten sie ein Gleichungssystem auf, dessen Lösung der gesuchte Zustand minimaler Energie ist.

»Es gab keine Hoffnungen, die Gleichungen analytisch zu lösen«, sagte van der Heijden. Aber man könne numerisch eine Lösung finden, also durch systematisches Annähern mithilfe eines Computers. »Wenn man erst mal die Gleichungen hat, ist das kein Problem mehr.«

Das erste Ergebnis: Die Form einer Endlosschleife hängt allein von einer einzigen Zahl ab, dem Verhältnis zwischen Länge und Breite des Streifens. Das reicht aus, um die Krümmung und Drehung des Bandes – und damit sein Aussehen – zu berechnen. Die Theorie eignet sich nicht nur für den klassischen Möbiusstreifen. Auch wenn ein Ende nicht nur um eine halbe, sondern um anderthalb Runden vor dem Zusammenkleben gedreht wird, liefern die Gleichungen ein Ergebnis.

Auch ein Extremfall des Möbiusbandes kann mit den Gleichungen beschrieben werden. Es gibt nämlich einen Minimalwert für das Verhältnis aus Länge und Breite des Streifens. Der Quotient muss mindestens so groß sein wie die Wurzel aus drei – also etwa 1,73 –, sonst lassen sich die beiden Enden nicht zusammenfügen. Das Möbiusband nimmt in diesem Fall die Form eines gleichseitigen Dreiecks an, das aus drei Lagen Papier besteht. Das normalerweise nur verdrehte Band besitzt plötzlich drei scharfe Knicke.

Jene Punkte am Möbiusband, die im Extremfall knicken,

sind es auch, an denen die Energiedichte besonders hoch ist – oder anders gesagt: die Beanspruchung. Und genau das nutzt jeder aus, der versucht, ein Blatt zu zerreißen. »Dabei erzeugen wir sich überschneidende Falten wie an den Eckpunkten eines Möbiusbandes«, erklären die Forscher.

So gesehen ist die Arbeit von Starostin und van der Heijden auch eine Arbeit über das Zerreißen von Papier. Durchschnittsbürger machen es intuitiv, Wissenschaftler bemühen komplexe mathematische Theorien.

Knobeln, Grübeln, Ausprobieren

Beweisen Sie, dass die Summe der Innenwinkel im Dreieck 180 Grad ist.

Sportler ringen mit der Exponentialfunktion

Steht hinter der Entwicklung der Sportrekorde der vergangenen Jahrzehnte ein simples Muster? Eine Exponentialfunktion soll nahezu perfekt beschreiben, wann welche neuen Bestleistungen aufgestellt werden und wo die absolute Grenze liegt.

Höher, schneller, weiter – so lautet das Motto der Olympischen Spiele, die Pierre de Coubertin 1896 in der Neuzeit wiederbelebte. Der Ehrgeiz nach neuen Rekorden treibt Tausende Sportler weltweit an. Sie trainieren jahrelang extrem hart, mancher schluckt auch verbotene Substanzen, nur um ein Ziel zu erreichen: der Beste zu sein, und möglichst auch noch der Beste aller Zeiten.

> Σ »Seit die Mathematiker über die Relativitätstheorie hergefallen sind, verstehe ich sie selbst nicht mehr.«
>
> Albert Einstein, Physiker und Nobelpreisträger

All das Schinden, Quälen und Verausgaben könnte jedoch schon bald vergeblich sein, glauben französische Sportwissenschaftler. Spitzensportler sind schon so nah an die Grenzen des menschlichen Körpers gerückt, dass in 20 Jahren bei den meisten klassischen Disziplinen keine bahnbrechenden

Rekorde mehr möglich sind, erklärt Jean-François Toussaint vom Pariser Institut für Biomedizinische und Epidemiologische Forschung des Sports. So hätten Sportler bei ihren Rekorden im Jahr 2007 bereits 99 Prozent der körperlichen Leistungsfähigkeit ausgeschöpft.

Dass die Zeit neuer Weltrekorde zu Ende geht, prophezeien Sportwissenschaftler schon länger und begründen dies vor allem mit körperlichen Faktoren. Das Team von Toussaint geht einen etwas anderen Weg und verlässt sich bei seinen Prognosen allein auf Mathematik: Die zeitliche Entwicklung von Rekorden lasse sich sehr gut mit einer Exponentialfunktion beschreiben, sagt der Forscher. Die Rekordentwicklung soll demnach mit folgender Formel beschrieben werden können:

$$WR(t) = a + be^{-ct}$$

WR steht dabei für Weltrekord, t ist die Zeit. a, b und c sind Parameter, e die Eulersche Zahl (e = 2,71828...). Die Idee, ein Modell mit einer solchen Funktion zu nutzen, habe nahegelegen, erklärt Toussaint. Zum einen verliefen viele biologische Prozesse wie exponentiell abfallende Funktionen. Zum anderen habe auch der Blick auf die Rekordentwicklung gezeigt, dass diese exponentiell verläuft.

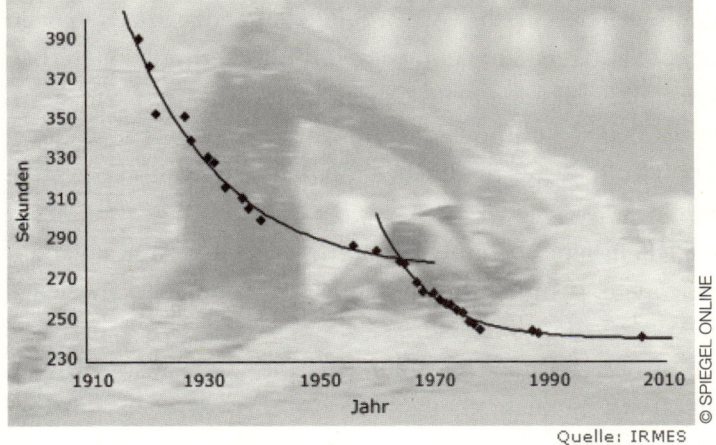

Frauen 400 m Freistil

© SPIEGEL ONLINE

Quelle: IRMES

Annäherung an Grenzlinie: Die Weltrekorde, hier 400 Meter Freistil-
Schwimmen der Frauen, folgen tatsächlich einer Exponentialkurve.
Allerdings mussten die Forscher nach 1945 zu einer zweiten Kurve
greifen.

Insgesamt 3263 Weltrekorde aus Dutzenden klassischen
Disziplinen vom Marathonlauf bis zum Gewichtheben haben die Wissenschaftler in ihr Modell eingegeben. In praktisch allen Disziplinen zeigte sich ein ähnliches Bild: Die Rekorde purzelten zu Beginn häufig und wurden meist deutlich
verbessert. Doch je näher man der Gegenwart kommt, umso
flacher verläuft die Kurve. Ein neuer Rekord liegt meist nur
noch marginal unter beziehungsweise über dem alten – eine
typische Exponentialkurve.

Das Modell beschreibt nicht nur die Rekordentwicklung,
es liefert zugleich eine absolute Grenze für jede Disziplin.
Das ist jene waagerechte Linie im Diagramm, an die sich die
Exponentialkurve mit zunehmender Zeit immer enger an-

schmiegt. Beim 100-Meter-Lauf der Herren haben Toussaint und sein Team beispielsweise 9,726 Sekunden als Grenzwert errechnet. Der Jamaikaner Usain Bolt liegt mit seinen 9,69 Sekunden, gelaufen bei Olympia 2008, bereits minimal darunter. Beim Marathon der Männer halten Toussaint und sein Team 2:03:08 für die Grenze (der aktuelle Weltrekord steht bei 2:03:59).

Neben dem absoluten Rekord verrät der Kurvenverlauf aber auch, wann laut dem Modell in Zukunft mit welchen Rekorden zu rechnen ist.

Größere Sprünge sind zum Beispiel noch beim Frauenmarathon möglich, glauben die Forscher. Wohl erst im Jahr 2045 würden die weltbesten Läuferinnen ein Niveau von 99,95 Prozent des Maximalwertes erreichen. Im 1500-Meter-Lauf der Frauen wurde dieses Level hingegen schon 1998 erreicht, hier sind neue Rekorde umso schwerer aufzustellen.

In einigen Disziplinen weicht das Modell allerdings von dem simplen Ansatz ab. Beispielsweise sind die Rekordkurven im 400-Meter-Schwimmen der Frauen und 50-Kilometer-Gehen der Männer laut Toussaint in Wahrheit zwei Kurven. Die Exponentialkurve beschreibe den Verlauf immer nur stückweise, erklärt der Forscher. »In den Jahren nach dem Zweiten Weltkrieg passierte etwas Neues, das zeigen die Daten. Es gab große Verbesserungen bei Ernährung, Medizin und im Training.« Deshalb gehen die Forscher in beiden Disziplinen von zwei Rekordlimits aus: Das eine galt bis etwa 1945, das andere, deutlich höhere, erst danach.

Männer 50 km Gehen

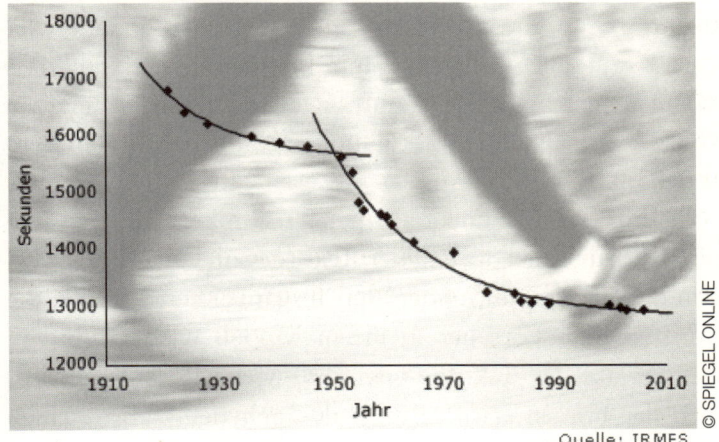

Quelle: IRMES

50 Kilometer Gehen der Herren: Auch hier der typische Kurvenverlauf.
Das Limit liegt laut dem Modell der Forscher bei 3:34 Minuten.

Eine Kurve, die in Wahrheit zwei sind – das klingt nicht gerade nach einem überzeugenden Modellansatz. Der Wiener Sportmediziner Norbert Bachl, der sich ebenfalls intensiv mit sportlichen Grenzen beschäftigt, hält das Vorgehen seiner französischen Kollegen aber durchaus für sinnvoll. »Das Training wurde nach dem Zweiten Weltkrieg stark verwissenschaftlicht«, sagt er. Dies habe tatsächlich für einen großen Sprung im Leistungsvermögen gesorgt.

Er zweifelt jedoch, ob die Beschreibung der Rekorde mit Exponentialkurven in jedem Fall sinnvoll ist. »Es ist eine saubere Rechnung, aber es ist Mathematik.« Die Biologie halte sich nicht immer an Prognosen der Mathematik. Das Talent von Sportlern folge einer Gaußschen Verteilung, es gebe viele mittelmäßige und wenige in der Spitze. »Es ist aber nicht ausgeschlossen, dass es eines Tages doch eine Talente-Konstellation gibt, die eine sprunghafte Verbesserung eines Rekordes ermöglicht.« Bachl glaubt beispielsweise daran, dass Männer eines Tages den Marathon unter zwei Stunden laufen könnten – Toussaints Kalkulation ergibt als absolute Grenze 2:03:08.

Bachl verweist zudem auf neue Techniken wie Gen-Doping, die für einen Sprung der Rekorde sorgen könnten. Zumindest die Dopingsünden der Vergangenheit glauben die französischen Forscher in ihrem Modell wiederzufinden: Der Verlauf der Rekorde beim 400-Meter-Freistil-Schwimmen der Frauen etwa zeige in den achtziger Jahren einen steileren Abfall als die theoretische Kurve, erklärt Toussaint. »Dadurch hat sich die absolute Grenze jedoch nicht nach unten verschoben, man hat sich ihr nur etwas schneller angenähert.« Zudem gebe es Doping schon seit Jahrzehnten, nur die Dopingmittel hätten sich im Lauf der Zeit geändert.

Ganz gleich, ob man die Exponentialkurven von Toussaints Team nun für bare Münze nimmt oder nicht: Auf jeden Fall werden neue Weltrekorde in Zukunft immer schwerer zu erreichen sein. Das olympische Motto von »höher, schneller, weiter« müsse wohl überdacht werden, erklären die französischen Sportmediziner. Einen neuen Vorschlag haben sie bereits: »gesünder«.

Knobeln, Grübeln, Ausprobieren

Nina, Lilly und Anna starten gleichzeitig zum 400-Meter-Lauf. Als Nina das Ziel erreicht, hat Lilly noch genau 20 Meter zu laufen. Lilly überquert die Ziellinie als Zweite, in diesem Moment hat Anna noch exakt 20 Meter zu laufen. Wie weit war Anna noch vom Ziel entfernt, als Nina das Ziel erreichte?

Die hohe Schule des Sudoku

$$\vec{p} = \begin{pmatrix} p_1 \\ p_2 \end{pmatrix}$$

Die Logikrätsel aus neun mal neun Feldern sind extrem beliebt. Was die wenigsten Sudoku-Freunde wissen: Hinter den Aufgaben steckt anspruchsvolle Mathematik. Wer das erfahren will, muss sich von Ziffern lösen – und in Farben und Linien denken.

Das Hirn braucht Beschäftigung – und Sudoku ist zweifellos eine äußerst spannende. Vordergründig geht es um die Suche nach fehlenden Ziffern in dem 81 Felder großen Quadrat. Ohne es zu wissen, streifen Rätselfreunde dabei aber auch Gebiete der Mathematik, von denen nur die wenigsten je gehört haben. Hinter Sudoku stecken komplizierte, teils ungelöste mathematische Probleme, die sich sehr gut mit der sogenannten Graphentheorie beschreiben lassen.

Etwas Farbe reicht, um ein Sudoku-Puzzle graphentheoretisch darzustellen. Jedes der 81 Zahlenfelder bildet einen Knoten. Nun wird jeder Ziffer von 1 bis 9 eine Farbe zugeordnet, statt Ziffern finden sich so Farbkleckse in dem neun mal neun Felder großen Gitter. Die Sudoku-Regeln bestimmen dann, wie die 81 Knoten durch Linien miteinander verbunden werden. Jeder Knoten ist mit jedem anderen Knoten seiner Zeile und Spalte verbunden, und ebenso mit jedem Knoten seines drei mal drei Knoten großen Miniquadrats.

Wenn ein Sudoku-Puzzle richtig ausgefüllt ist, ist keiner der Knoten mit einem gleichfarbigen verbunden – denn das würde ja bedeuten, dass sich in einer Zeile, Spalte oder einem Miniquadrat zwei identische Ziffern befinden, was verboten ist. Mit dieser Knoten-Färbung und der Verbindungsregel ist Sudoku in die Graphentheorie überführt.

Sudoku-Zahlenrätsel: Aufgabenstellung aus der Graphentheorie

Die Abstrahierung mag das Ganze zunächst noch komplizierter erscheinen lassen, als es tatsächlich ist. Die Graphentheorie macht die Rätselaufgaben jedoch mathematisch fassbarer.

Die Färbung verdeutlicht, dass Sudoku zum Beispiel ein ähnliches Problem ist wie die Vergabe von Radiofrequenzen an verschiedene Funktürme, deren Signale sich teilweise überlagern. Benachbarte Funktürme dürfen keine identischen Frequenzen nutzen, weil der Empfang sonst gegenseitig gestört wird. Die Frequenz wird somit durch die Färbung des Knotens repräsentiert. Und wie bei Sudoku auch, stehen einzelne Färbungen (also Frequenzen) von vornherein fest, weil sie bereits früher vergeben wurden. Die Aufgabe lautet dann: Finde eine zulässige oder gültige Knotenfärbung für das gesamte System.

Quadratisch gut

Eines Tages erklärt Jesus seinen Jüngern: »Der Himmel ist wie $x^2+6x-13$.« Ein Mann, der neu unter den Jüngern ist, fragt daraufhin Petrus: »Was meint er damit?« Petrus antwortet: »Keine Sorge! Das ist nur wieder eine seiner Parabeln.«

Ähnlich ist die Aufgabenstellung übrigens auch beim Aufstellen eines Stundenplanes einer Schule. Lehrer, Klassen und Räume müssen so aufgeteilt werden, dass Räumen oder Lehrern nicht zwei Unterrichtsstunden zugleich zugeordnet sind. Auch die Wartezeiten in einem U-Bahn-Netz lassen sich mit der Graphentheorie optimieren (siehe Seite 59ff.).

Dank der Graphentheorie können Mathematiker im Prinzip sogar berechnen, wie viele Lösungen eine Sudoku-Aufgabe hat. Doch sie stoßen auch an Grenzen: Es ist bekannt, dass es Sudoku-Puzzles mit 17 eingetragenen Ziffern gibt, die genau eine Lösung haben.

Aber gibt es vielleicht auch Puzzles mit nur 16 Einträgen? Niemand weiß es. Und wer glaubt, dass ein Sudoku-Puzzle umso mehr mögliche Lösungen hat, je weniger Ziffern darin vorgegeben sind, liegt falsch. Es gibt beispielsweise ein Puzzle mit 29 eingetragenen Ziffern, das genau zwei Lösungen besitzt und nicht nur eine.

Zumindest eine Aussage darüber, wann es zwei Lösungen gibt, können Mathematiker treffen. Wenn nur sieben der neun Farben im Puzzle vorgegeben sind, dann sind zwei Lösungen möglich. Voraussetzung ist natürlich, dass überhaupt eine Lösung existiert. Der Beweis ist geradezu banal: Wenn zwei Farben noch nicht vorgegeben sind, dann können diese ja miteinander getauscht werden, und schon hat man zwei Lösungen.

Bedenken, dass irgendwann die Quelle neuer Sudoku-Rätsel versiegt, sind übrigens fehl am Platz. Es gibt mehr als fünf Milliarden verschiedene Sudoku-Quadrate.

∫ Knobeln, Grübeln, Ausprobieren

Sabine hat einen neuen Stundenplan für Montag bis Donnerstag bekommen. An jedem Tag hat sie vier Stunden Unterricht. Die Fächer Deutsch (D), Englisch (E), Französisch (F), Mathematik (M) sowie Naturwissenschaft (N) sind so verteilt, dass an jedem Tag vier verschiedene Fächer unterrichtet werden. Außerdem ist der Stundenplan zweier aufeinanderfolgender Tage stets unterschiedlich.

Es gelten folgende Regeln: Mathematik und Naturwissenschaft werden nie am gleichen Tag unterrichtet. An Tagen mit Deutschunterricht ist das erste Fach Englisch. An Tagen mit Mathematikunterricht folgt immer eine Französischstunde auf Mathematik, an den anderen Tagen hat Sabine stets Deutsch in der vierten Stunde.

Wie sieht ihr Stundenplan für Donnerstag aus, wenn an den ersten drei Tagen dasselbe Fach in der vierten Stunde unterrichtet wird?

Der rätselhafte Mittelalter-Code

Seit Jahrhunderten versuchen Forscher, den Inhalt des mysteriösen Voynich-Manuskripts zu entschlüsseln – bislang vergeblich. Ein Physiker aus Österreich glaubt sogar, dass die rätselhafte Geheimschrift nichts als Schabernack ist.

Ein Text verrät eine Menge. Der Literat erkennt einen Autor
mitunter an wenigen Sätzen. Computerprogramme können
sogar Prosatexte anhand ihres statistischen Fingerabdrucks
bestimmten Schriftstellern zuordnen: Der eine fabriziert gern
lange Sätze und greift auch gern mal zu Wörtern, die aus
überdurchschnittlich vielen Buchstaben bestehen. Andere
Autoren pflegen einen eher lakonischen Stil: Sie reihen viele
kurze Wörter zu eher kürzeren Sätzen aneinander – entsprechende Software enthüllt dies sofort.

$\sum$ »Die Mathematiker sind eine Art Franzosen: Redet man zu
ihnen, so übersetzen sie es in ihre Sprache, und dann ist es
alsobald ganz etwas anderes.«

Johann Wolfgang von Goethe, deutscher Dichter

Manchmal ist Sprache jedoch auch geradezu inhaltsleer – wie
ein zufälliges Rauschen. Dies könnte auch beim Voynich-Ma-

nuskript der Fall sein, einer der rätselhaftesten mittelalterlichen Handschriften, die der amerikanische Antiquar Wilfrid Voynich 1912 in einem italienischen Jesuitenkolleg gefunden und gekauft hatte. Wahrscheinlich ist das Werk zwischen 1450 und 1520 entstanden, wie Experten aufgrund der Kleidung und des Haarschnitts von im Buch abgebildeten Menschen vermuten.

Über den Inhalt des mysteriösen Manuskripts rätseln Wissenschaftler seit seiner Entdeckung: Es schien offenbar in einer fremden Sprache verfasst zu sein, neben aus dem arabischen und dem lateinischen entlehnten Buchstaben erscheinen im Text auch völlig unbekannte Schriftzeichen. Hinzu kommen diverse Illustrationen – angefangen bei Pflanzen und Motiven aus der Astronomie bis hin zu badenden Frauen. Was steckt bloß dahinter? Ein aufwendig verschlüsselter Text, dessen wahren Inhalt die Inquisition nicht erfahren durfte? Alchemie? Eine bislang unbekannte Kunstsprache? Oder gar, wie mancher mutmaßte, eine Nachricht Außerirdischer?

Andreas Schinner von der Johannes-Kepler-Universität Linz hält diese Thesen sämtlich für falsch. Es handle sich vielmehr um das Werk eines Schelms, sagt er, freilich um das eines äußerst raffinierten. Der Text enthalte lediglich bedeutungsloses Geschwafel.

Aufgrund seiner enorm komplexen Sprache hatten Wissenschaftler lange ausgeschlossen, dass es sich bei dem Manuskript lediglich um einen Nonsens-Text handelt. Vielmehr, so die These, müsse die unverständliche Sprache auf einen unbekannten Code zurückgehen.

»Es deutet vieles darauf hin, dass es sich um das Produkt eines Algorithmus handelt«, sagt Schinner. Der Physiker stützt seine These auf drei verschiedene Untersuchungen des handgeschriebenen, mehr als hundert Seiten umfassenden Werks. Zuerst prüfte Schinner die Häufung von Wörtern und sehr ähnlichen Varianten innerhalb des Textes. Dann gebrauchte er die unverständliche Sprache als Quelle für einen sogenannten Random Walk, um Muster im Text erkennen zu können. Und schließlich suchte er nach wiederkehrenden Wortbestandteilen, die eine besondere Bedeutung haben könnten, wie etwa im Deutschen die Vorsilbe »ein«.

»Man greift sich ein Wort aus dem Text und sucht nach ähnlichen Worten«, beschreibt Schinner eine seiner Methoden. Die größte Wahrscheinlichkeit, ein solches Wort noch mal zu finden, sei unmittelbar beim nächsten Wort. Diese bizarre Aneinanderreihung identischer oder ähnlicher Worte war zuvor schon anderen Forschern aufgefallen.

Der Linzer Forscher hat das Ganze aber statistisch mit einem selbst geschriebenen Programm ausgewertet. »Die Wahrscheinlichkeit, dass ein Wort noch einmal auftritt, nimmt mit größerer Entfernung ab.« Das sei untypisch für eine natürliche Sprache, sagt Schinner, der das geheimnisvolle Manuskript mit etwa gleich langen Vergleichstexten aus dem Mittelalter verglichen hat – Auszügen aus lateinischen und deutschen Bibelübersetzungen. »Der Mensch wählt Text eher semantisch aus«, erklärt der Physiker, »und er vermeidet als Schreiber, dass ähnliche Worte nacheinander stehen.«

Auch der Random Walk stützte Schinners These vom per Algorithmus generierten, inhaltsleeren Konvolut. Der Forscher wandelte dazu den Text in eine lange Folge einzelner Bits um, als wollte er ihn digitalisieren. »Diese Bits werden als verursachender Algorithmus für einen Random Walk angesehen. 1 bedeutet einen Schritt nach rechts, 0 einen nach links.« Das Ergebnis ist ein mehr oder weniger chaotisch erscheinendes Hin und Her.

Mathe – Deutsch

Wenn ein Mathe-professor sagt	meint er damit
trivial :	Ein Student kann die Aufgabe in drei Stunden womöglich lösen.
einfach :	Der beste Student benötigt dafür wahrscheinlich eine Woche.
klar :	Er selbst kann das Problem lösen (glaubt er zumindest).
offensichtlich :	Der Professor ist sich sicher, dass die Lösung irgendwo in seinen Notizen steht.
gewiss :	Er hat gesehen, wie ein Kollege die Aufgabe gelöst hat, hat den Lösungsweg aber vergessen.
allgemein bekannt :	Der Professor hat gehört, dass das schon mal jemand geschafft haben soll.
es kann gezeigt werden :	Er glaubt, dass es stimmt, hat aber keine Ahnung, wie er es beweisen soll.
mit etwas Übung kann man es zeigen :	Das Problem ist bislang ungelöst und womöglich schwieriger zu lösen als die Fermatsche Vermutung.

»Ein natürlicher Text sieht vollkommen zufällig aus«, erklärt Schinner, sprachliche Korrelationen gingen im Wust der Bits unter. Der Grund dafür: Es gibt bei natürlicher Sprache keine langreichweitigen Korrelationen. Ein Satz auf der ersten Seite eines Romans habe keine Korrelation mit einem Satz auf der letzten Seite, diese seien semantisch zu weit auseinander.

Beim Voynich-Manuskript beobachtete der Linzer Forscher jedoch eine Abweichung von diesem Verhalten. »Ich habe darin langreichweitige Korrelationen gefunden«, sagt er. Deshalb unterscheide sich das Werk von natürlichen Texten. »Das Erscheinen eines Symbols erhöht die Wahrscheinlichkeit, dass dieses später nochmals auftritt. Ein Random Walk mit Gedächtnis sozusagen.«

Und auch die Präfix-Analyse lieferte keinerlei Indizien für ein geheimes Verschlüsselungsverfahren. »Ich habe mir auch gewisse Teile von Wörtern angesehen – zum Beispiel nur das erste Symbol«, erklärt der Forscher. »Wie groß ist die Wahrscheinlichkeit, dieses Symbol nach ein, zwei oder fünf Wörtern wieder am Anfang eines Wortes zu finden?«

Wie schon bei der Suche nach ähnlichen Wörtern fand er Zusammenhänge, die kaum für eine natürliche Sprache sprechen. »Die Wahrscheinlichkeit, den Wortanfang noch einmal zu finden, ist beim nachfolgenden Wort am größten – danach nimmt sie kontinuierlich ab. Das ist ungewöhnlich.«

Im Jahr 2003 hatte bereits der britische Psychologe und Computerwissenschaftler Gordon Rugg die These aufgestellt, dass die Voynich-Texte aus der Feder eines gewitzten Schelms stammen könnten: Er schuf mit einer auf eine Silbentabelle gelegten Schablone unverständliche Fantasietexte, die dem Voynich-Manuskript verblüffend ähnelten. Diese Tabelle-und-Gitter-Methode war bereits im Mittelalter bekannt und wurde damals zum Verschlüsseln gebraucht.

Der Verfasser des Voynich-Manuskripts ist bis heute nicht bekannt. Gordon Rugg verdächtigt den Mathematiker John Dee oder den Alchemisten und notorischen Fälscher Edward Kelley der Urheberschaft. Beide hatten sich im 16. Jahrhundert am Hof des Kaisers Rudolf II. von Habsburg in Prag aufgehalten, in dessen Besitz sich das in Pergament gebundene Manuskript später fand. Heute gehört es der Yale-Universität in New Haven.

Der Linzer Physiker Schinner will sich freilich nicht darauf festlegen, dass die Handschrift keinesfalls einen tieferen Sinn enthält. »Der Algorithmus enthält vermutlich Zufallselemente«, sagt er, »er besteht aber nicht ausschließlich aus solchen.«

Denkbar sei auch ein Algorithmus, der größtenteils Nonsens produziere, aber zugleich eine Botschaft kodiere. Dieser kodierte Text wäre nur ein Bruchteil des gesamten Manuskripts, etwa ein Hundertstel, schätzt Schinner. »Diese These ist zwar nicht überzeugend, aber ausschließen kann ich sie nicht.« Man müsse sich dann aber fragen, warum jemand einen Text in einem offensichtlich geheimnisvollen Buch verstecken sollte, wenn er ihn mit demselben Aufwand auch in jedem unschuldig aussehenden hätte verbergen können.

Vielleicht ist das aber auch gerade der Clou an dem geheimnisvollen Text: Gerade weil es absurd erscheint, darin eine kodierte Botschaft unterzubringen, könnte es der Autor getan haben. Auf jeden Fall bietet das mysteriöse Manuskript auch weiterhin Stoff für Spekulationen aller Art. Die Suche nach einem möglichen Sinn im Text geht weiter.

Knobeln, Grübeln, Ausprobieren

Sie spielen Roulette und setzen einen Euro auf Schwarz. Mit welchem Gewinn dürfen Sie im Mittel rechnen?
(Das Roulettespiel besteht aus 37 Feldern, von denen 18 schwarz sind. Wenn die Kugel tatsächlich auf eine schwarze Zahl fällt, bekommen Sie von der Bank den doppelten Einsatz.)

Die Sterne lügen $= \dfrac{\sin\alpha}{\cos\alpha}$

Es geht um Liebe und Glück: Horoskope wollen anhand der Sternzeichen Auskunft darüber geben, wie gut zwei Partner zusammenpassen. Ein Forscher hat bei zehn Millionen britischen Ehepaaren überprüft, was die Sterne prophezeien. Sein Resümee: Sie lügen.

Horoskope sind eine zwielichtige Sache. Seltsame Frauen in schimmernden Kleidern verkaufen sie rund um die Uhr auf noch seltsameren Spartenkanälen. Man hört gelegentlich auch Berichte von Kollegen, die bei Frauenzeitschriften arbeiten. Horoskope werden dort angeblich von Praktikanten verfasst oder in der Kaffeepause von Redakteuren, die auch mal Wahrsager spielen möchten.

Komplett neu erfinden muss man die Texte zum Glück nicht. Es gibt Dutzende Bücher und Zeitschriften, in denen erklärt wird, warum Fischen die Bodenhaftung fehlt, Stier und Krebs für eine dauerhafte und verständnisvolle Liebe gemacht sind, und warum Jungfrau und Zwilling einfach nicht zusammenpassen. Das Geburtsdatum bestimmt demnach über das Schicksal.

Sogenannte Partnerhoroskope findet man auch zuhauf im Internet. Wenn zutrifft, was dort zu lesen ist, dann dürften Partnerschaften nur unter ganz bestimmten Konstellationen von Dauer sein. Menschen mit dem Sternbild Jungfrau müssten demnach gezielt nach Stieren, Krebsen, Löwen, Skorpionen und Steinböcken Ausschau halten, wenn sie eine lang währende, glückliche Beziehung suchen.

Mathematiker und Frauen

Ein Experimentalphysiker, ein Theoretischer Physiker und ein Mathematiker streiten darüber, was besser ist: Frau oder Freundin. Der Experimentalphysiker erklärt: »Eine Freundin, weil man da verschiedene ausprobieren kann.« Der Theoretiker meint: »Eine Frau, wegen der Sicherheit.« Der Mathematiker sagt: »Ich bin für beides. Wenn ich nicht bei meiner Frau bin, denkt sie, ich wäre bei der Freundin, bei meiner Freundin ist es umgekehrt. So kann ich ungestört in der Bibliothek arbeiten.«

Astrologen sind sich jedoch uneins, welche Paarkonstellationen unter einem besonders guten Stern stehen. David Voas von der University of Manchester hat dies zum Anlass genommen, die Thesen über die Liebe der Sternzeichen in der Praxis zu überprüfen. Als Experte für Statistiken und Umfragen weiß Voas natürlich, dass seine Ergebnisse umso ernstzunehmender sind, je größer die Stichprobe ist.

Und so griff der Wissenschaftler zu einer sehr großen Stichprobe: den Daten der Volkszählung 2001 in England und Wales, erhoben vom britischen Office for National Statistics. Auf einen Schlag hatte Voas so Zugriff auf ausgefüllte

Fragebögen von mehr als zehn Millionen Ehepaaren. »Das ist der größte je durchgeführte Astrologie-Test«, erklärte er. »Wenn astrologische Zusammenhänge existieren, dann müsste man diese auch beobachten können.«

Was Voas zuallererst beobachtete, hatte jedoch wenig mit der Macht der Sterne zu tun, sondern vielmehr mit Bequemlichkeit und Schludrigkeit der Menschen, die sich durch die Fragebögen der Statistikbehörde quälen mussten. Als Voas die Paare in eine 144 Felder umfassende Tabelle mit allen Sternzeichen einsortierte, war sofort ein Trend zur Heirat eines Partners gleichen Sternzeichens zu erkennen. Auch benachbarte Sternzeichen, etwa bei Jungfrau, Löwe und Waage, schienen häufiger aufzutreten.

Als sich der Wissenschaftler die Daten aber genauer ansah, war schnell klar, dass es sich hier offenbar um Fehler handeln musste. Die Fragebögen seien meist von einer Person für alle im Haushalt ausgefüllt worden, erklärt Voas. So gelangte ein und dasselbe Geburtsdatum auf verschiedene Bögen - durch Schludrigkeit, oder weil die Betroffenen die Daten ihres Partners gar nicht kannten.

Auffällig war, dass 21.000 Personen mehr als man statistisch erwarten würde, am selben Tag Geburtstag hatten wie ihr Ehepartner. Es gab aber auch andere Unstimmigkeiten: Der Erste des Monats tauchte besonders häufig als Geburtstag auf - offenbar weil der Fragebogen-Ausfüller das richtige Datum nicht kannte.

Dass ein Teil der Fragbögen grobe Fehler enthält, zeigte auch das Feld Geschlecht. Bei knapp 11.000 Mann-Frau-Paaren waren beide Partner angeblich Männer oder Frauen. Voas'

Kommentar: »Wenn Leute beim Geschlecht ihres Ehegatten Fehler machen, dann überrascht es kaum, wenn dies auch beim Geburtsdatum passiert.« So bereinigte der Statistikexperte die Daten um die fehlerhaften Datensätze. Aus den ursprünglich 10,3 Millionen Ehepaaren wurden so 9,5 Millionen.

Ergebnis: Eine Wirkung der Sterne, die angeblich unser aller Schicksal bestimmen, lässt sich nicht nachweisen. »Wenn es auch nur die geringste Tendenz gäbe, dass sich Jungfrauen zu Steinböcken hingezogen fühlten oder Waagen zu Löwen, dann hätten wir das in der Statistik gesehen«, sagte Voas. »Es gibt aber keinen solchen Beweis.«

Männer mit Sternbild Jungfrau

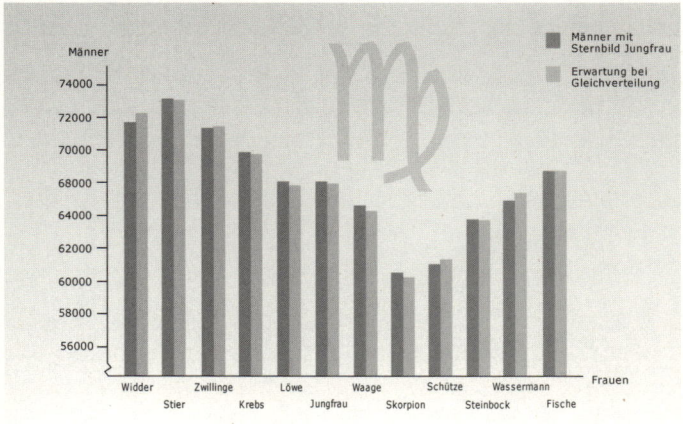

Kaum eine Abweichung von der Gleichverteilung: Männer mit dem Sternbild Jungfrau sind mit Frauen aller Sternbilder verheiratet, wie man es bei einer gleichmäßigen Verteilung (hellgraue Säulen) erwarten würden. Die Unterschiede von Sternbild zu Sternbild kommen zustande, weil in Frühjahr und Sommer mehr Frauen geboren werden als im Winter.

Besonders dürfte Astrologen grämen, dass die statistische Analyse auch keine Hinweise dafür findet, dass Ehen ausschließlich bei bestimmten Sternzeichenkonstellationen eine Zukunft haben. Weil die Volkszählung alle Ehepaare egal welchen Alters erfasst, müssten sich zumindest unter den länger Verheirateten jene angeblich bevorzugten Kombinationen durchsetzen. Dies sollte sich wiederum auch in der Gesamtstatistik widerspiegeln – tut es aber nicht.

Fazit der Studie: Die Sterne lügen, oder aber die Astrologen, die sich auf sie berufen. Mit Sicherheit lügt aber auf jeden Fall mancher Engländer und Waliser, wenn er das Geburtsdatum seines Ehepartners nennt.

Knobeln, Grübeln, Ausprobieren

Steigt Ihre Lebenserwartung, wenn Sie älter werden?

Geheimcode-Suche in Bachs Sonaten

Hat Johann Sebastian Bach geheime Botschaften in seinen Werken versteckt? Eine Musikwissenschaftlerin glaubt, in den Sonaten des Komponisten religiöse Aussagen entdeckt zu haben. Was war Absicht, was Zufall?

Der Mensch sucht ständig nach Mustern, um das Unbekannte zu enträtseln. Ein uraltes Programm läuft ab, wenn wir das scheinbar Chaotische ordnen, um Regelmäßigkeiten und Zusammenhänge zu erkennen. Es war überlebenswichtig zu wissen, wie sich ein schweres Unwetter ankündigt – oder ein gefährliches Raubtier.

Mitunter schießt unser Gehirn auch über das Ziel hinaus: Da entdecken beispielsweise Fußballexperten in den Jahreszahlen der WM-Siege deutscher Fußballer ein Muster, das den Sieg für 2006 prophezeien sollte. Wie das Turnier ausging, ist bekannt.

Die Düsseldorfer Musikwissenschaftlerin Helga Thoene sucht ebenfalls nach auffälligen Zahlenmustern – und will in Sonaten Johann Sebastian Bachs komplexe Botschaften entdeckt haben. Der Komponist habe Bezüge zu religiösen Texten verschlüsselt in seine Werke eingebaut, schreibt sie in ihrem Buch »Sonata A-Moll. Eine wortlose Passion«. Thoene spricht von »nicht hörbar werdenden kompositorischen Bestandteilen«.

Bei den von ihr untersuchten Stücken handelt es sich um wortlose Instrumentalwerke. Doch Thoene bringt die klingenden Noten zum Sprechen, indem sie zur sogenannten Gematrie greift, einem Verfahren, bei dem Buchstaben in Zahlen umgewandelt werden. Die Methode ist nicht neu: Schon seit Hunderten von Jahren versuchen Menschen auf diese Weise, versteckte Bedeutungen in Wörtern oder Sätzen aufzuspüren.

Die Gematrie beruht unter anderem auf der Kabbalistik, einer mystischen Tradition im Judentum. Dahinter steht der Glaube an mehrfache Bedeutungsschichten innerhalb der Erscheinungen – äußerst beliebt auch bei Verschwörungstheoretikern, die aus Zahlen rund um den 11. September gewagte Zusammenhänge konstruieren.

Die Musikwissenschaftlerin Thoene ordnet jeder Note, etwa einem A oder einem C, die diesem Buchstaben entsprechende Zahl aus dem lateinischen Zahlenalphabet zu – auf Basis einer Abhandlung namens »De Cabbala Paragrammatica«. Der erste Buchstabe A steht darin für die Eins, B für die Zwei, C für die Drei und so weiter – bis zum Z für 24. Das J und das U fehlen in dem Alphabet, werden aber mit I und V gleichgesetzt. Halbtöne bekommen den Wert der Buchstaben, aus denen sie zusammengesetzt sind. So erhält etwa das Fis den Wert 33 (F=6, I=9, S=18). Anschließend werden die Zahlenwerte des untersuchten Taktes oder Musikstücks addiert.

Die Notenfolge B A C H, zugleich Name des Komponisten, ergibt beispielsweise 2+1+3+8=14. Neben den Noten lassen sich natürlich auch Texte in Zahlen umwandeln – das eigentliche Beschäftigungsfeld der Gematrie.

Angebliche Signatur in der Fuge g-Moll: Die Zahl 158 ist identisch mit dem Wert der Namensbuchstaben von Johann Sebastian Bach.

Der gematrische Wert des Namens Johann Sebastian Bach beträgt 58+86+14=158. Und genau diese Zahl 158 findet Thoene in den 15 Tönen des Schlusstaktes der Fuge in g-Moll wieder, wenn sie deren Zahlenwerte addiert. »Mit diesem Zahlen-Äquivalent setzt Bach eine verschlüsselte ›Signatur‹ unter das erste Satzpaar«, schreibt Thoene.

Die Musikwissenschaftlerin sieht noch viel mehr: In der Sonate a-Moll beispielsweise den numerischen Wert für Christus (112 – zugleich eine wichtige Telefonnummer). Füge man den gematrischen Wert des Schlusstaktes hinzu, erklärt Thoene, ergebe sich 242 – der gematrische Wert des Taufbekenntnisses »Confiteor Unum Baptisma« (»Ich bekenne die eine Taufe«).

Und so geht es munter weiter. Vollständige Glaubenssätze sollen in den Sonaten stecken. Thoene hält diese Zahlenspiele für bewusste Handlungen Bachs und ist damit nicht die Einzige. Wilhelm Werker beschäftigte sich Anfang der

zwanziger Jahre mit Zahlenverhältnissen in Bachs Matthäuspassion. Martin Jansen berichtete 1937 von Bibelversen, die
seiner Meinung nach in Bach-Werken verschlüsselt sind.
1950 folgte Friedrich Smend mit seinem Aufsatz »Johann
Sebastian Bach bei seinem Namen gerufen«, in dem es um
die besondere Rolle der Zahl 14 im Leben des Komponisten
geht.

> Σ »Mathematiker sind Künstler ohne Publikum. Bei einem Mu
> siker, der ein Stück Musik vorspielt, kann sich jeder eine
> Meinung bilden – um die Schönheit mathematischer Bewei
> se nachzuvollziehen, muss man mit ihnen vertraut sein.«
>
> Preda Mihailescu, rumänischer Mathematiker

»Die Zahl 14 hat Bach womöglich bewusst in esoterische
Kompositionen eingebaut, etwa in Kanons«, sagt Martin
Geck, Musikwissenschaftler an der Universität Dortmund.
14 sei insofern die Bach-Zahl, weil B-A-C-H nach dem Zahlenalphabet genau 14 ergebe. »Es ist interessant, dass Bach
ausgerechnet als vierzehnter in die Mizlersche Sozietät gelehrter Musiker eingetreten ist.«

Trotzdem will Geck den Thesen seiner Kollegin Thoene
nicht folgen: »Zu vermuten, dass Bach in seinen normalen
Kompositionen beständig irgendwelche Wörter oder Sätze
mithilfe des Zahlenalphabets verschlüsselt hätte, erscheint
mir eine abwegige Spekulationen.«

Noch härter geht Matthias Wendt mit zahlensymbolischen
Deutungen von Musik ins Gericht: »Es gibt wahnsinnig vie-

le Veröffentlichungen dazu. Und viele enthalten Rechenfehler – kein Wunder bei den vielen Zahlen«, sagt der Musikwissenschaftler von der Robert-Schumann-Forschungsstelle Düsseldorf.

Wendt verfügt über einschlägiges Know-how: Er hat Werke Bachs Anfang der neunziger Jahre mit einem selbst geschriebenen Programm untersucht und ist dabei auf eine Reihe von Rechenfehlern der Numerologen gestoßen. Außerdem parodierte er die Studien zur Zahl 14, als er zum Spaß mit seinem Programm nach der Zahl 13 in Bachs Musik fahndete – und häufig fündig wurde. »Sie brauchen da gar nicht groß zu suchen: Sie können in beliebigen Bach-Werken beliebige Zahlen finden.«

Die heilige Dreifaltigkeit, die gern immer wieder in die Musik diverser Komponisten interpretiert werde, hält Wendt eher für »heilige Einfalt«. Dreiergruppierungen gebe es bei jedem Komponisten zuhauf, in jedem Walzer wimmle es davon. »Es gibt keine Belege dafür, dass Bach die Zahlenalphabete gekannt hat. Aber sie können das niemandem ausreden.«

Trotz aller Zweifel findet zumindest der Dortmunder Musikexperte Geck versöhnliche Worte für die Zahlendeuter: »Menschen, denen die reine Schönheit dieser Musik nicht genügt, die vielmehr nach weiterem und tieferem Sinn suchen, mag das ein fantastisches Betätigungsfeld bieten.« Er respektiere deshalb solche Anstrengungen – im Gegensatz zum Mainstream der Forschung, der eher von Spinnern spreche. »Immerhin könnten sie ja, wie Umberto Eco einmal sagte, demonstrieren, dass im Kosmos alles mit allem zusammenhängt. Wissenschaft ist das jedoch nicht.«

Knobeln, Grübeln, Ausprobieren

Eine Buchhalterin möchte für ihre Geburtstagsfeier Wein kaufen. Beim Weinhändler gibt es zwei ihrer Lieblingssorten. Bei der einen Sorte kostet jede Flasche 3,50 Euro, bei der anderen 7,50 Euro. Die Buchhalterin möchte von jeder dieser Sorten mindestens eine Flasche kaufen, andere Sorten aber nicht. Insgesamt will sie genau 75 Euro für den Wein ausgeben. Welche Varianten hat sie?

Was Falschparken über Korruption verrät

Zeige mir, wo du parkst, und ich sage dir, wie korrupt dein Heimatland ist. Diese abstrus klingende These haben zwei US-Forscher mit aufwendiger Statistik bewiesen – bei Diplomaten in New York.

Richtig parken in den USA will gelernt sein. Abgesehen von »Don't even THINK about parking here« (Sie sollten nicht einmal darüber nachdenken, hier zu parken) gibt es kaum Verbotsschilder – stattdessen aber in verschiedenen Farben angemalte Bordsteinkanten. Rot steht für absolutes Halteverbot, weiß erlaubt nur kurzes Halten, gelb markiert Ladezonen.

Ärgerlich, wenn man sich als unerfahrener Tourist über die gelb markierten freien Parkplätze gefreut hat und hinterher ein Knöllchen am Auto findet. Diplomaten in New York brauchten sich über solche Parktickets lange Jahre nicht zu ärgern: Bezahlen mussten sie die Strafe nicht, denn ihre Immunität schützte sie davor. Nicht zuletzt deshalb galt die Diplomatenplakette am Auto als Lizenz zum Falschparken in der Metropole.

Doch nicht jeder Diplomat machte davon gleichermaßen Gebrauch. Besonders häufig ignorierten Vertreter die Verkehrsregeln, wenn sie aus einem Land stammen, das als besonders korrupt gilt. Raymond Fisman von der Columbia Business School und Edward Miguel von der University of California – zwei Korruptionsexperten – haben dies in einer aufwendigen statistischen Untersuchung nachgewiesen.

Sie wühlten sich mit Computerhilfe durch rund 150.000 Parktickets aus dem Zeitraum November 1997 bis Oktober 2002. Dahinter stehen unbeglichene Rechungen in Höhe von insgesamt 18 Millionen US-Dollar – alles andere als eine Kleinigkeit, selbst für eine Stadt wie New York.

»Die Daten haben wir direkt von der Stadt bekommen«, sagte Miguel. Es sei total einfach gewesen. »Die Leute waren sehr glücklich, dass sich jemand für das Thema interessiert hat.«

Die Parksünder-Datei war sehr umfangreich: Sie enthielt Informationen zu jedem einzelnen Delikt, auch mit welchem Diplomatenkennzeichen es begangen wurde – eine wahre Fundgrube für Statistiker. Das mit Abstand häufigste Vergehen war mit 43 Prozent das unerlaubte Abstellen des Autos in einer Ladezone.

Dass Falschparken womöglich etwas mit Korruption zu tun haben könnte, vermuteten die Forscher schon vor ihrer Untersuchung: »Der Akt des Falschparkens passt genau zur Standarddefinition der Korruption, dem Missbrauch von anvertrauter Macht für private Zwecke«, erklären Miguel und Fisman. Das Parkverhalten eines Diplomaten müsse also die Korruptionskultur seines Heimatlandes widerspiegeln, so die These.

Und das tut es tatsächlich: Die dreistesten Parksünder stammen aus Ländern, in denen die Korruption laut Statistiken von Transparency International und der Weltbank besonders groß ist. In den Top Ten der Parksünder landeten neben Ägypten auch der Tschad, Sudan, Bulgarien, Mosambik, Albanien, Angola, Senegal und Pakistan.

Deutsche Diplomaten haben übrigens ebenfalls Knöllchen bekommen und ignoriert: genau eins pro Jahr und Diplomaten. »Das sind nur sehr wenige Verstöße«, erklärte Miguel, »aber die Deutschen sind damit noch nicht die Besten«.

$\sum$ »Gelöste Probleme sind sehr viel interessanter, wenn sie eine elegante Lösung haben.«

Günter Ziegler, Mathematikprofessor an der TU Berlin

Mit völlig weißer Weste – also ohne Verstöße – stehen unter anderem Norwegen, Schweden, Dänemark und Kanada da. Dass die disziplinierten Nordeuropäer nicht falsch parken, überrascht kaum. Umso erstaunlicher ist das Verhalten der Diplomaten aus Bahrein und der Türkei. Sie fielen zwar durch ähnlich viele Verstöße auf wie andere Vertreter aus dem Nahen Osten. Doch wurden ihre Strafzettel anstandslos bezahlt.

Korruption erwies sich übrigens nicht als einziger Faktor beim Falschparken. Auch das Durchschnittseinkommen im Heimatland und Sympathie oder Abneigung gegenüber den USA beeinflussen statistisch gesehen das Verhalten der Diplomaten in New York: Wer die USA nicht mag, parkt häufiger falsch. »Abneigung gegen Amerika ist eine sehr einflussreiche Variable«, erklärte Miguel. »Diese Diplomaten respektieren unsere Ordnung einfach nicht.«

Auch dass Diplomaten schnell lernen, zeigt die Knöllchenstatistik. Je länger Vertreter sich in New York aufhalten, umso häufiger parken sie falsch. Durchschnittlich steigt die Quote pro Jahr um acht bis 18 Prozent. »Wenn sie erstmal gemerkt haben, dass Verstöße keine Folgen haben, begehen sie sie öfter.«

Ganz hilflos sind New Yorks Politessen den dreisten, aber über ihre Immunität geschützten Diplomaten jedoch nicht mehr ausgeliefert. Seit Ende 2002 macht die Stadt viel mehr Druck auf Parksünder. Entweder wurden Diplomatenkennzeichen eingezogen, manche Vertretung habe nur noch drei statt fünf der begehrten Nummernschilder bekommen, berichtet Miguel. Oder aber es wurde offen gedroht: mit dem Abschleppen der Fahrzeuge oder mit Kürzungen bei der Entwicklungshilfe. Vor allem Letzteres zeigte schnell Wirkung: Die Verstöße seit 2002 sind stark zurückgegangen. Das Problem gilt zwar nicht als gelöst, ist aber deutlich kleiner geworden – was zeigt, dass Korruption durchaus zurückgeht, wenn sie mit Restriktionen für die Betroffenen verbunden ist.

∫ Knobeln, Grübeln, Ausprobieren

Der Neuwagen kostet eigentlich 10.000 Euro, doch für zwei Tage erlässt der Händler die Mehrwertssteuer von 19 Prozent. Wie viel kostet das Auto dann?

Verdammt kompliziert, was Kinder im Matheunterricht lernen müssen: 3·4, 5+8, 8-3 oder 6:2. Das Leben und das Rechnen wären einfacher, wenn sich Schüler und Lehrer Socken über die Hände stülpen würden.

Wenn deutsche Schüler mal wieder nicht bis drei zählen können, dann kann man die Gründe ihres Scheiterns an einer Hand abzählen: die Bildungspolitiker, die Lehrer, die Eltern, das Fernsehen und natürlich die bösen Computerspiele. Das sind genau fünf Gründe und damit für die meisten schon unüberschaubar viele.

Kein Wunder. Der Ausdruck, dass man etwas an einer Hand abzählt, rührt genau daher. Ob fünf oder sechs Pferde über die Weide galoppieren, ist auf den ersten Blick kaum zu erkennen (siehe Seite 21ff.). Man muss die Hand beim Zählen zu Hilfe nehmen. Bis drei und vier zählen – dass sollten hingegen auch Zahlenhypochonder noch hinbekommen.

Weniger ist mehr – das schöne Prinzip gilt also grundsätzlich auch in der Zahlenwelt. Nur hält sich leider niemand daran. Wir lernen im Kindergarten, bis zehn zu zählen. Aber warum lernen wir das? Weil wir zehn Finger haben. Und warum haben wir zehn Finger? Weil es Darwin so wollte – oder von mir aus auch Gott.

Und genau da liegt das Problem: Das uns eingebrockte Zehnersystem ist zu anspruchsvoll für manchen Zeitgenossen. An der Mathemisere sind offensichtlich auch die Finger schuld – es sind schlicht zu viele!

Zehn Finger: Rechenhilfen stets zur Hand

Etwas einfacher haben es da zum Beispiel die Simpsons. An jeder Hand tragen die Comicfiguren vier Finger. Wären sie konsequent, würden sie mit einem Achter- statt mit unserem Zehnersystem rechnen. Die 7 wäre ihre größte einstellige Zahl, unsere 8 würden sie als 10 schreiben. Logisch, denn 8 entspricht

$$1 \cdot 8^1 + 0 \cdot 8^0 = 10$$

Nach der 7 käme also die 10, nach der 17 die 20, nach der 27 die 30, und nach der 77 die 100.

Wobei zu beachten ist, dass die Simpson-77 nicht mit der 77 im Zehnersystem gleichzusetzen ist – sie entspricht vielmehr der uns vertrauten 63 ($7 \cdot 8^1 + 7 \cdot 8^0$). Und hinter der Simpson-17 verbirgt sich unsere 15. Ist das zu kompliziert? Nun ja, nicht jeder ist ein geborener Simpson.

Aber es geht noch einfacher. Zunächst aber ein kurzer Exkurs in Zahlensysteme. Wenn wir im Zehnersystem eine Zahl aufschreiben, beispielsweise 1322, dann meinen wir folgende Summe:

$$1 \cdot 10^3 + 3 \cdot 10^2 + 2 \cdot 10^1 + 2 \cdot 10^0$$

Zahlen werden also durch Potenzen mit der immer gleichen Basis, in diesem Falle 10, dargestellt.

Mathematisch bewanderte Simpsons würden hinter 1322 folgende Summe vermuten:

$$1 \cdot 8^3 + 3 \cdot 8^2 + 2 \cdot 8^1 + 2 \cdot 8^0 = 512 + 192 + 16 + 2 = 722$$

Was soll das Ganze?, wird mancher fragen. Was soll besser daran sein, mit Achterpotenzen statt mit Zehnerpotenzen zu rechnen? Ich kann beides nicht.

Der Vorteil liegt im kleinen Einmaleins, auf das sich Summieren, Addieren, Multiplizieren und Dividieren zurückführen lassen. »Das kleine Einmaleins wird umso einfacher, je kleiner die Basis des Zahlenssystems ist«, sagt Albrecht Beutelspacher, Mathematikprofessor an der Uni Gießen.

Rechnen mit Zahlensystemen

Zehnersystem: Die Basis unseres System ist die 10. Jede Zahl wird als Summe von Zehnerpotenzen dargestellt. Ein Beispiel: $1599 = 1 \cdot 10^3 + 5 \cdot 10^2 + 9 \cdot 10^1 + 9 \cdot 10^0$

Dualsystem: Die Basis ist 2. Es gibt nur zwei Ziffern: 0 und 1. Jede natürliche Zahl lässt sich auch im Dualsystem darstellen. Allerdings werden die Zahlen dadurch länger: Die 17 ist im Zehnersystem zweistellig ($1 \cdot 10^1 + 7 \cdot 10^0$), im Zweiersystem hingegen fünfstellig: $17 = 1 \cdot 2^4 + 0 \cdot 2^3 + 0 \cdot 2^2 + 0 \cdot 2^1 + 1 \cdot 2^0 = 10001$.

Recht hat er, in der Tat wird das Rechnen einfacher. Am leichtesten ist es im Zweiersystem. »Man muss im Grunde nur $1 \cdot 1$ und $1+1$ beherrschen«, erklärt Beutelspacher. Und natürlich wissen, dass $1 \cdot 0 = 0$ ergibt und $1+0=1$ ist. Kinder müssen hingegen ein viel komplexeres Einmaleins pauken: $3 \cdot 4$, $5+8$, $8-3$, $6:2$ und so weiter.

Kein Wunder, das schon Gottfried Wilhelm Leibniz vom Zweiersystem, auch Dualsystem genannt, begeistert war: »Das Addieren von Zahlen ist bei dieser Methode so leicht, dass diese nicht schneller diktiert als addiert werden können, sodass man die Zahlen gar nicht zu schreiben braucht, sondern sofort die Summen schreiben kann.«

Leibniz mochte das Duale und hätte sich auch für Computer begeistert, die ganz tief in ihrem Innern auch nur mit

Einsen und Nullen rechnen. Täten wir Menschen das auch, dann wäre die Welt eine andere.

Bei Gehaltsverhandlungen ginge es nicht um einen Tausender mehr oder weniger, sondern um die Frage 15-stellig ($2^{14} = 16384$), 16-stellig ($2^{15} = 32768$) oder 17-stellig ($2^{16} = 65536$).

1+1 wäre 10. Um eine Zahl zu verdoppeln, müsste man nur eine 0 hinten anhängen – einfacher geht's kaum. Und damit niemand mit seinen vielen Fingern durcheinander kommt – es sind übrigens 1010 (geschrieben im Dualsystem, $1 \cdot 2^3 + 0 \cdot 2^2 + 1 \cdot 2^1 + 0 \cdot 2^0$) –, sollte man sie am besten unter einer Socke verstecken. Damit würden sie quasi zu einem Finger verschmelzen. Rechte und linke Hand zusammen hätten dann zwei Finger – das würde prima zum Zweiersystem passen.

Das Maschinenschreiben mit zehn, pardon 1010 Fingern würde verboten. Stattdessen wäre das Zweifinger(such)system en vogue, das viele ohnehin viel besser beherrschen.

Wahrscheinlich gäbe es nur eine Bevölkerungsgruppe in Deutschland, die etwas gegen das Dualsystem hätte: die Fußballfans. Schlimm genug, wenn die eigene Mannschaft zu Hause mit 1:4 verliert. Im Dualsystem käme die Packung einer Katastrophe gleich: 1:100.

∫ Knobeln, Grübeln, Ausprobieren

Wenn die Quersumme einer Zahl durch 9 teilbar ist, ist dann auch die Zahl selbst durch 9 teilbar? Falls ja, warum?

Die Grenzen der Mathematik

Wer sucht nicht nach der endgültigen Wahrheit? Mathematiker haben es dabei besonders weit gebracht. Was auch passiert: Eins plus eins wird zwei bleiben. Frei von Widersprüchen ist die Mathematik trotzdem nicht. Das bewies vor über 70 Jahren Kurt Gödel.

Die Mathematik ist ein seltsames Fach. Sie ist keine Naturwissenschaft, auch wenn sich Physiker, Chemiker und Mediziner ihrer ständig bedienen. Die Mathematik gleicht eher einem Spiel mit Gedanken, denn Mathematiker untersuchen Strukturen, die sie sich zuvor ausgedacht haben.

Ein Beispiel bilden die natürlichen Zahlen: Schon lange wussten die Menschen, was sie sich darunter vorzustellen hatten: Die Zahlen 0, 1, 2, ... bis ins Unendliche. Vor über hundert Jahren stellte der Italiener Giuseppe Peano dafür eine Definition auf: Die kleinste natürliche Zahl ist null, jede natürliche Zahl hat genau einen Nachfolger, und jede natürliche Zahl außer null hat genau einen Vorgänger. Diese wenigen Aussagen reichen, um die Welt der natürlichen Zahlen festzulegen.

Wer anfängt, diese Welt zu erkunden, kann eine Menge interessanter, teils verblüffender Entdeckungen machen: Da gibt es zum Beispiel Zahlen, die nur durch 1 und sich selbst teilbar sind (Primzahlen). Von diesen Primzahlen existieren unendlich viele (siehe Seite 74). Und die Quersumme einer Zahl verrät, ob sie durch 3 oder 9 dividiert werden kann. Sogar extrem schwierige Fragestellungen stecken in dem von Peano abgesteckten System – etwa die Fermatsche Vermutung, auf deren Beweis die Welt über 300 Jahre warten musste (siehe Seite 75).

David Hilbert formulierte Anfang des 20. Jahrhunderts das Ziel, die Mathematik zu einer perfekten Theorie zu machen. Einige wenige grundlegende Festlegungen, auch Axiome genannt, sollten ausreichen, um beispielsweise das System der Arithmetik zu beschreiben. Dieses Axiomensystem sollte vollständig und zugleich widerspruchsfrei sein. Dass heißt, alle wahren Aussagen in der Arithmetik sollten sich von diesen Axiomen ableiten und beweisen lassen.

Die Forderung nach Widerspruchsfreiheit war elementar: Es durfte laut Hilbert keine Aussage geben, die sich beweisen lässt und zugleich auch ihr Gegenteil. Ein nachvollziehbarer Anspruch, denn wenn $1 + 1 = 2$ und zugleich $1 + 1 \neq 2$ ist, dann bricht für den Mathematiker eine Welt zusammen.

Das Ansinnen Hilberts, die Mathematik quasi auf eine unerschütterliche Basis zu stellen, erwies sich jedoch als undurchführbar. Es war der Wiener Mathematiker Kurt Gödel, der dem sogenannten Hilbertprogramm den Todesstoß versetzte. 1931 formulierte und bewies er seinen berühmten Unvollständigkeitssatz. Gödel hatte damit gezeigt, dass es in Systemen wie der Arithmetik Aussagen gibt, die man weder beweisen noch widerlegen kann.

Gödels Unvollständigkeitssatz lässt sich gut mit dem Lügner-Paradoxon vergleichen. Die Aussage »Dieser Satz ist falsch« lässt den Leser ratlos zurück. Wenn der Satz tatsächlich falsch ist, dann ist er ja richtig – ein logischer Widerspruch. Nimmt man hingegen an, dass der Satz stimmt, dann besagt er, dass er nicht stimmt – wiederum ein Widerspruch. Ob der Satz stimmt oder nicht, lässt sich nicht entscheiden – genau wie beim Gödel-Satz. Eine sehr anschauliche Darstellung des Beweises von Gödel gibt übrigens auch Douglas Hofstadter in seinem Buch »Gödel, Escher, Bach. Ein endloses geflochtenes Band«.

Was aber sind die Konsequenzen aus dem Gödel-Satz? Können Mathematiker doch nicht alles wissen? Oder verstricken sie sich früher oder später in unauflösbare Widersprüche? »Der Satz ist eine absolut gigantische Leistung, weil er die Grundlagen des mathematischen Erkennens und Beweisens maßgeblich verändert hat«, sagt Günter Ziegler, Mathematikprofessor an der TU Berlin.

Martin Aigner von der FU Berlin hat den Gödel-Satz gar als »Erbsünde der Mathematik« bezeichnet. »Wie die Katholiken um die Erbsünde wissen (und sich nicht weiter darum kümmern), so wissen auch die Mathematiker um den schwankenden Grund, auf dem sie sich bewegen«, hat Aigner in einem Aufsatz formuliert. Mathematiker schreiben trotzdem weiter ihre Bücher und beweisen ihre Sätze, erklärt der Forscher, immer in der Hoffnung, dass ihre Theoreme Eingang finden in das Paradies der ewigen Wahrheiten.

So fundamental Gödels Satz auch ist: In der Arithmetik kennen Mathematiker bis heute erstaunlicherweise keinen Satz, dessen Beweis ihnen wegen der Gödelschen Unvollständigkeit nicht geglückt ist. »Für den Mathematiker von heute hat der Satz praktisch keine Relevanz«, sagt Ziegler. Er kenne die Aussage »Das ist vielleicht unentscheidbar« eigentlich nur als Ausrede.

Die Mathematiker können also bislang ganz gut mit ihrer Erbsünde leben.

Glossar

Algorithmus: Ein Algorithmus ist eine definierte Lösungsvorschrift für ein Problem. Er kann zum Beispiel in einem Computerprogramm umgesetzt sein.

Aperiodizität/aperiodisch: Eine Zahl oder eine Zahlenfolge ist aperiodisch, wenn sie nicht aus einer sich stets wiederholenden Ziffernfolge gebildet wird.

Axiom: Axiome sind Grundsätze einer Theorie, die nicht aus anderen Aussagen abgeleitet sind. Mathematische Beweise fußen auf Axiomen und auf bereits bewiesenen Sätzen, beide werden als wahr vorausgesetzt. Ein Beispiel-Axiom aus der Arithmetik: Jede natürliche Zahl n hat genau einen Nachfolger n+1. Dieses Axiom definiert gewissermaßen die Menge der natürlichen Zahlen.

Basis: Bei einer Potenz a^b bezeichnet man a als Basis, b ist der Exponent.

Beweis: Ein Beweis ist der Nachweis der Richtigkeit einer Aussage, auch Satz oder Theorem genannt. Als Grundlage dafür dienen Axiome, die als wahr vorausgesetzt werden, und andere Aussagen, die zuvor bereits bewiesen worden sind (Sätze).

Dualsystem: Das Zahlensystem mit der Basis 2 heißt Dualsystem. Es nutzt nur zwei Ziffern (0 und 1). Jede Zahl wird als Summe von Zweierpotenzen dargestellt. Beispiel: $9 = 1001$ (im Dualsystem) $= 1{\cdot}2^3+0{\cdot}2^2+0{\cdot}2^1+1{\cdot}2^0$.

Eigenvektor: Der Begriff stammt aus der linearen Algebra und bezeichnet Vektoren, deren Richtung durch die Multiplikation mit der Matrix nicht verändert wird. Lineare Gleichungssysteme können mithilfe von Matrizen dargestellt werden. Ihre Lösung kann dann aus Eigenvektoren kombiniert werden.

Exponent: Bei einer Potenz a^b bezeichnet man a als Basis, b ist der Exponent.

Exponentialfunktion: Als Exponentialfunktion bezeichnet man eine Funktion der Form $f(x)=a^x$. Häufig wird als Basis a die Eulersche Zahl e verwendet (e = 2,71828...).

Fermatsche Vermutung: Die Fermatsche Vermutung stammt aus dem 17. Jahrhundert und besagt, dass die Gleichung

$$a^n+b^n=c^n$$

für ganzzahlige a, b, c (ungleich null) und natürliche Zahlen n>2 keine Lösung besitzt. Erst 1994 gelang dem Briten Andrew Wiles der Beweis.

Formel, binomische: Die binomischen Formeln

$$(a+b)^2=a^2+2ab+b^2, \quad (a-b)^2=a^2-2ab+b^2 \quad \text{und} \quad (a+b)(a-b)=a^2-b^2$$

sind Merkformeln, die unter anderem das Ausmultiplizieren von Klammern erleichtern und die Faktorisierung (Zerlegung) von Summen und Differenzen ermöglichen.

Funktion: Eine Funktion (auch Abbildung genannt) ist die Beziehung zwischen zwei Mengen. Jedem Element der einen Menge (x) wird ein Element der anderen Menge zugeordnet (y). Man schreibt $y=f(x)$.

Gaußsche Verteilung: Die Gauß- oder Normal-Verteilung ist auch unter dem Namen Glockenkurve bekannt. Sie ist eine häufig auftretende Wahrscheinlichkeitsverteilung. Viele Vorgänge, wie zum Beispiel Messfehler bei physikalischen Experimenten, lassen sich durch die Normal-Verteilung ziemlich exakt beschreiben.

Gleichungssystem: Ein Gleichungssystem besteht aus zwei oder mehreren Gleichungen und hat zwei oder mehr Unbekannte. Gleichungssysteme sind Abbildungen von Zusammenhängen und ermöglichen die Bestimmung einer fraglichen Größe durch Ermittlung der Unbekannten.

Graph: In der Graphentheorie, einem Teilgebiet der Mathematik, besteht ein Graph aus einer Menge von Punkten, die durch Linien verbunden sind. Die Punkte werden Knoten genannt, die Linien heißen Kanten. Viele Alltagsprobleme lassen sich mithilfe der Graphentheorie abbilden, zum Beispiel die kürzeste Route zwischen mehreren Punkten.

Iteration/iteratives Verfahren: Bei einer Iteration wird eine bestimmte Berechnung immer wieder ausgeführt. Dabei bildet das Ergebnis eines Iterationsschrittes den Ausgangswert für den nächsten Schritt (Rückkopplung). Man iteriert so lange, bis sich das Ergebnis kaum noch ändert bzw. ein vorgegebener Wert erreicht wird.

Koeffizient: Ein Koeffizient ist ein Faktor, der zum Beispiel in Funktionen auftaucht.
Beispiel: $f(x)=ax+b$.
Hier sind sowohl a als auch b Koeffizienten. Man spricht häufig auch von Parametern.

Kongruenz: Zwei geometrische Figuren sind zueinander kongruent (auch: deckungsgleich), wenn man sie durch Parallelverschiebung, Drehung oder eine Kombination dieser Operationen ineinander überführen kann.

Kreiszahl Pi: Pi definiert das Verhältnis von Kreisumfang zu Kreisdurchmesser. Ein Kreis mit einem Durchmesser von 1 hat den Umfang von Pi (= 3,14159...).

Logarithmus/logarithmieren/delogarithmieren: Der Logarithmus einer Zahl b zur Basis a ist jene Zahl x, welche die Gleichung $b=a^x$ erfüllt. Man schreibt auch $x=\log_a b$. Logarithmieren heißt nichts anderes, als den Logarithmus einer Zahl berechnen. Beim Delogarithmieren einer Zahl y nimmt man y als Exponenten der Basis a, man berechnet also einfach a^y.

Matrix: Eine Matrix (Plural: Matrizen) ist eine mit Zahlen gefüllte Tabelle. Wenn Matrizen dieselbe Spalten- und Zeilenzahl haben, kann man sie addieren oder multiplizieren. Man spricht dann von Matrizenrechnung. Lineare Gleichungssysteme lassen sich beispielsweise mithilfe von Matrizen darstellen.

Menge: In der Mengenlehre, einem Teilgebiet der Mathematik, werden einzelne Elemente, zum Beispiel Zahlen, zu einer Menge zusammengefasst. Eine Menge kann unendlich viele Elemente enthalten, wie etwa die Menge der natürlichen Zahlen, oder kein einziges. Dann spricht man von einer leeren Menge. Beim Vergleich zweier oder mehrerer Mengen interessieren sich Mathematiker häufig für jene Elemente, die zugleich in allen Elementen enthalten sind, oder jene, die mindestens zu einer Menge gehören.

Mersenne-Primzahl: Zahlen der Form 2^n-1 nennt man Mersenne-Zahlen. Dabei ist n eine natürliche Zahl. Wenn 2^n-1 keine Teiler außer 1 und sich selbst besitzt, spricht man von einer Mersenne-Primzahl.

Nenner: Eine rationale Zahl r kann stets als Bruch oder Quotient zweier ganzer Zahlen a und b dargestellt werden: $r=\frac{a}{b}$ Dabei bezeichnet man a als Zähler, b als Nenner.

Poisson-Verteilung: Eine Poisson-Verteilung ist eine Wahrscheinlichkeitsverteilung wie die Gaußsche Verteilung. Allerdings hat sie keine symmetrische Glockenform, die

Kurve steigt vielmehr steil an, um nach dem Maximum deutlich weniger steil abzufallen. Die Verteilung beschreibt, mit welcher Wahrscheinlichkeit seltene, zufällige und voneinander nicht abhängige Ereignisse in einem bestimmten Zeitintervall eintreten. Dabei ist bekannt, wie viele Ereignisse durchschnittlich innerhalb dieses Intervalls auftreten. Eine Anwendung der Poisson-Verteilung ist der radioaktive Zerfall von Elementen. Von 100 Atomen zerfallen in der Halbwertzeit 50. Die Poisson-Verteilung erlaubt die Berechnung der Wahrscheinlichkeit, dass in der Halbwertzeit 40 oder 60 Atome zerfallen.

Polynom: Ein Polynom ist eine Summe von Vielfachen von Potenzen einer (oder mehrerer) Variablen. Als Exponenten sind nur natürliche Zahlen erlaubt. Ein Polynom kann in der Form

$$a_n x^n + a_{n-1} x^{n-1} + \ldots + a_1 x + a_0$$

geschrieben werden.

Potenz: Eine Potenz ist eine Zahl, die in der Form a^b dargestellt werden kann. Dabei bezeichnet man a als Basis, b ist der Exponent.

Primzahl: Eine Primzahl ist eine natürliche Zahl größer als 1, die nur durch 1 und sich selbst teilbar ist.

Quadratwurzel: Die Quadratwurzel einer Zahl x ist jene positive Zahl y, für die gilt: $x = y^2$.

quadrieren: Wenn man eine Zahl quadriert, multipliziert man sie mit sich selbst.

quasiperiodisch: Ein aus mehreren Elementen gebildetes Muster heißt quasiperiodisch, wenn es sich nicht in regelmäßigen Abständen wiederholt und man durch Verschieben, egal um welchen Abstand, keine Deckungsgleichheit erzielen kann.

Quersumme: Als Quersumme wird die Summe der Ziffernwerte einer Zahl bezeichnet. Ein Beispiel: Die Quersumme von 111 ist 1+1+1=3.

Quotient: Ein Quotient ist ein Bruch, also eine Zahl der Form $\frac{a}{b}$.

Rotationssymmetrie: Ein geometrisches Objekt ist rotationssymmetrisch, wenn man es durch Drehung um einen Winkel größer als 0 Grad und kleiner als 360 Grad mit sich selbst in Deckung bringen kann. Ein typisches Beispiel ist ein regelmäßiges Fünfeck. Weil man ein solches Fünfeck fünfmal drehen kann (immer um 72 Grad), spricht man von fünfzähliger Rotationssymmetrie.

Satz: Ein Satz ist eine Aussage in der Mathematik, die bewiesen werden muss. Grundlage dafür sind Axiome und andere Sätze, deren Richtigkeit schon gezeigt wurde.

Sinus: Die Sinusfunktion ist eine trigonometrische Funktion (Winkelfunktion). Sie gibt das Verhältnis von Gegenkathete (die dem Winkel gegenüberliegende Seite) zu Hypothenuse (dem rechten Winkel gegenüberliegende Seite) in einem rechtwinkligen Dreieck an.

Spieltheorie: Das Arbeitsgebiet der Spieltheorie sind Systeme mit mehreren handelnden Personen, in denen der Erfolg des Einzelnen nicht nur vom eigenen Handeln, sondern auch von den Aktionen der anderen abhängt. Ziel der Untersuchungen ist es unter anderem, sich aus dem Handeln ergebende Vor- und Nachteile für Personen oder Institutionen abzuleiten.

Stochastik: In der Stochastik, einem Teilgebiet der Mathematik, werden die Wahrscheinlichkeitstheorie und die Statistik zusammengefasst.

Summand: Als Summanden bezeichnet man eine Zahl, die zu einer anderen addiert wird.

Tangens: Die Tangensfunktion ist eine trigonometrische Funktion (Winkelfunktion). Sie gibt das Verhältnis von Gegenkathete zu Ankathete (die beiden Seiten eines rechtwinkligen Dreiecks, die den rechten Winkel bilden) in einem rechtwinkligen Dreieck an.

Teiler: Ein Teiler t einer natürlichen Zahl a lässt keinen Rest, wenn man a durch t dividiert.

Term: Ein Term ist ein mathematischer Ausdruck, der Zahlen, Variablen, Symbole mathematischer Operationen (wie + oder -) und Klammern enthalten kann. Ein Beispiel für einen Term ist ax+5.

Theorem: Ein Theorem ist eine Aussage in der Mathematik von besonderer Bedeutung, die bewiesen werden muss. Grundlage dafür sind Axiome und Sätze, deren Richtigkeit schon gezeigt wurde.

Ungleichung: Eine Ungleichung besagt, dass die zwei Ausdrücke links und rechts vom Ungleichheitszeichen nicht gleich groß sein dürfen. In der Mathematik sind in der Regel Ungleichungen von Interesse, die eine Ordnung angeben wie $\geq$ oder $\leq$.

Wurzel: Mit Wurzel ist meist die Quadratwurzel einer Zahl x gemeint, also jene positive Zahl y, für die gilt: $x=y^2$.
Man kann auch die dritte oder vierte Wurzel einer Zahl berechnen, also die Zahlen q und r suchen, für die gilt $x=q^3$ bzw. $x=r^4$.

Zahl, irrationale: Eine irrationale Zahl ist eine unendliche, nichtperiodische Zahl, die sich nicht als Quotienten zweier ganzer Zahlen darstellen lässt. Die Wurzel aus 2 ist zum Beispiel eine irrationale Zahl.

Zahl, natürliche: Die Menge der natürlichen Zahlen ist folgendermaßen definiert: Die kleinste natürliche Zahl ist die

Null. Jede natürliche Zahl n hat genau einen Nachfolger n+1. Alle natürlichen Zahlen >0 haben genau einen Vorgänger.

Zahl, rationale: Eine rationale Zahl r lässt sich stets als Quotienten zweier ganzer Zahlen darstellen ($r = \frac{m}{n}$), wobei der Nenner n stets ungleich null ist.

Zahl, transzendente: Eine Zahl t heißt transzendent, wenn kein Polynom mit rationalen Koeffizienten existiert, das die Zahl t als Nullstelle hat.

Zähler: Eine rationale Zahl r kann stets als Bruch zweier ganzer Zahlen a und b dargestellt werden: $r = \frac{a}{b}$. Dabei bezeichnet man a als Zähler, b als Nenner.

Zehnerlogarithmus: Der Zehnerlogarithmus ist der Logarithmus einer Zahl zur Basis 10.

Zufallszahl: Eine Zufallszahl ist das Ergebnis eines Zufallsexperiments wie zum Beispiel des Werfens eines Würfels. Zufallszahlen sind perfekt, wenn sie sich nicht vorhersagen lassen und auch keine Häufungen bestehen. Ein perfekter Würfel könnte auf einer ebenen Fläche theoretisch perfekte Zufallszahlen erzeugen. Weil jedoch kein Würfel absolut perfekt ist, ist das unmöglich. Auch Computerprogramme können nur Pseudozufallszahlen erzeugen.

Lösungen: Knobeln, Grübeln, Ausprobieren

Seite 20: Finden Sie alle natürlichen Zahlen a, b und c, welche die Gleichung $a^2+b^2=4c+3$ erfüllen!

Wenn a und b zugleich gerade oder zugleich ungerade sind, existiert keine Lösung, denn $4c+3$ ist immer eine ungerade Zahl, und auf der linken Seite würde eine gerade Zahl stehen. Wir nehmen deshalb an, dass a gerade ist und b ungerade. Setzt man $a=2x$ und $b=2y+1$ in die Gleichung ein, erhält man $4x^2+4y^2+4y+1=4c+3$. Die linke Seite lässt bei der Division durch 4 den Rest 1, die rechte den Rest 3. Weil dies nicht möglich ist, hat die Gleichung keine Lösung.

Seite 25: Beim Doppelkopf hat Stefan 5 Damen. Wie viele verschiedene Zusammenstellungen von 5 Damen des Doppelkopfblattes gibt es überhaupt?

Das Doppelkopfblatt besteht aus den 4 Farben Kreuz, Pik, Herz und Karo. Weil jede Karte doppelt vorhanden ist, gibt es genau 8 Damen im Spiel. Zusammenstellungen sind genau dann verschieden, wenn sie sich für mindestens eine Farbe in der Anzahl der Damen dieser Farbe unterscheiden.

Wenn Stefan 5 Damen hat, dann muss er Damen von 3 oder 4 verschiedenen Farben haben. Mit nur 2 Farben kommt er nämlich maximal auf vier Damen. Im Fall 4 Farben existieren genau 4 Möglichkeiten, denn Stefan braucht ja neben den 4 Damen von einer Farbe noch eine weitere und hat dabei 4 Möglichkeiten. Im Fall von 3 Farben exis-tieren genau 4 Konstellationen für die Auswahl der 3 Farben (man muss eine Farbe weglassen, und es gibt insgesamt 4 Farben). Dazu müssen noch 2 weitere Karten kommen, die aus demselben Pool von 3 Farben stammen. Dafür gibt es genau 3 Varianten. Im Fall von 3 Farben existieren deshalb genau 3·4=12 Zusammenstellungen, insgesamt sind es deshalb 12+4=16.

Seite 30: Sie würfeln zweimal hintereinander. Was ist wahrscheinlicher: dass Sie zwei Sechsen haben oder dass Sie erst eine Sechs und dann eine Eins würfeln?

Die Wahrscheinlichkeit ist in beiden Fällen $\frac{1}{36}$. Warum? Die Wahrscheinlichkeit dafür, eine bestimmte Zahl zu würfeln, ist immer $\frac{1}{6}$. Sollen zwei Augenzahlen nacheinander auftreten, muss man die Wahrscheinlichkeiten einfach nur miteinander multiplizieren.

Seite 36: Die Polizei einer kleinen Stadt veröffentlicht eine Statistik, nach der 92 Prozent aller Verbrechen in schlecht beleuchteten Straßen stattfinden. In dieser Stadt sind 5 Prozent aller Straßen gut beleuchtet. In welcher Art von Straßen ereignen sich nach dieser Statistik mehr Verbrechen, in schlecht oder gut beleuchteten?

Wir nehmen an, dass es in der Stadt x Verbrechen und n Straßen gibt. Dann kann man sehr leicht die Verbrechensquote für die beiden Straßentypen berechnen. Im Fall der unbeleuchteten Straßen beträgt die Quote $\frac{0,92·x}{0,95·n} = \frac{0,97·x}{n}$

Für die beleuchteten Straßen erhalten wir $\dfrac{0{,}08 \cdot x}{0{,}05 \cdot n} = \dfrac{1{,}6 \cdot x}{n}$ Die Verbrechensquote ist also in den gut beleuchteten Straßen höher.

Seite 42: Nehmen Sie eine beliebige zweistellige Zahl, und schreiben Sie diese dreimal hintereinander, sodass Sie eine sechsstellige Zahl erhalten. Aus 45 wird so beispielsweise 454545. Durch welche einstelligen Zahlen sind alle so gebildeten sechsstelligen Zahlen ohne Rest teilbar?

Bei der Lösung hilft eine Formel. Wenn a die zweistellige Zahl ist, dann wird die sechsstellige Zahl b daraus folgendermaßen gebildet: $b = 10.000a + 100a + a = 10.101a$. Damit ist b in zwei Faktoren zerlegt. 10.101 ist durch 3, nicht aber durch 2, 4, 5, 6, 8 und 9 teilbar (siehe Quersumme beziehungsweise letzte Ziffer). Bleibt noch die Frage, ob eventuell 7 ein Teiler ist. Die Zerlegung $10.101 = 3 \cdot 3367$ zeigt, dass dies tatsächlich der Fall ist, denn $3367 = 7 \cdot 481$. Damit stehen als einstellige Teiler fest: 1, 3, 7.

Seite 47: Sie wollen eine Soße zubereiten und brauchen dazu exakt 0,1 Liter Wasser. Leider fehlt in Ihrer Küche aber ein Messbecher, im Schrank stehen nur Gläser mit 0,5 und 0,3 Liter Fassungsvermögen. Kann die Soße trotzdem gelingen?

Ja, natürlich! Füllen Sie das 0,3-Liter-Glas und kippen Sie den Inhalt dann in das 0,5-Liter-Glas. Dann machen Sie das 0,3-Liter-Glas noch einmal voll und schütten davon so viel ins 0,5-Liter-Glas, bis dieses voll ist. In dem 0,3-Liter-Glas bleiben dann exakt 0,1 Liter übrig.

Seite 52: Sie wissen, dass die Summe der Innenwinkel in einem Dreieck 180 Grad beträgt. Können Sie beweisen, dass die Winkelsumme im Viereck 360 Grad ist?

Für die Lösung zerlegen Sie das Viereck einfach in zwei Dreiecke. Wie geht das? Verbinden Sie zwei gegenüberliegende Eckpunkte des Vierecks durch eine Linie miteinander. Schauen Sie sich nun die beiden Dreiecke genau an – vor allem ihre Innenwinkel. Sie sehen sofort, dass die Summe der Winkel der beiden Dreiecke der Innenwinkelsumme des Vierecks entspricht. Also muss diese 2·180=360 Grad sein.

Seite 58: Kann man die Wurzel aus 2 als Quotienten zweier natürlicher Zahlen darstellen?

Nein, denn die Wurzel aus 2 ist eine irrationale Zahl. Der Beweis wird indirekt geführt. Wir nehmen an, es gibt zwei Zahlen p und q, die keinen gemeinsamen Teiler (>1) haben, deren Quotient $\frac{p}{q}$ der Wurzel aus 2 entspricht. Dann quadrieren wir beide Seiten der Gleichung und erhalten $p^2=2q^2$. Daraus folgt sofort, dass p eine gerade Zahl sein muss, denn nur dann ist p^2 auch durch 2 teilbar. Wenn p aber eine gerade Zahl ist, dann ist p^2 sogar durch 4 teilbar. Dies hat zur Folge, dass auch q^2 und damit wiederum q durch 2 teilbar sein muss. Damit sind sowohl p als auch q durch 2 teilbar, was im Widerspruch zur Annahme steht, dass sie keinen gemeinsamen Teiler haben. Damit haben wir gezeigt, dass die Wurzel aus 2 irrational ist.

Seite 64: Sie werfen zwei Würfel gleichzeitig. Wie groß ist die Wahrscheinlichkeit, dass die Summe der Augenzahlen neun ist?

Um die Augensumme neun zu erhalten, braucht man entweder zugleich eine Vier und eine Fünf oder eine Sechs und eine Drei. Wichtig ist, dass man Würfel eins und Würfel zwei unterscheidet. Es kommen deshalb vier Kombinationen in Frage: (4;5), (5;4), (6;3) und (3;6). Die Wahrscheinlichkeit beträgt jeweils $\frac{1}{36}$. Die gesuchte Gesamtwahrscheinlichkeit entspricht der Summe dieser vier Werte, ist also $\frac{4}{36}$ oder $\frac{1}{9}$.

Seite 70: Zu einem Tischtennisturnier melden sich 101 Teilnehmer. Gespielt wird im K.-o.-System. Wer ein Spiel verliert, scheidet aus. Bei einer ungeraden Spieleranzahl rutscht ein Spieler kampflos in die nächste Runde. Nach wie vielen Partien steht der Sieger fest?

Es sind genau 100. Um die Zahl einfach zu ermitteln, genügt ein Blick auf die Ausgeschiedenen. Von 101 Spielern müssen nach Abschluss des Turniers genau 100 jeweils ein Spiel verloren haben. Genau so viele Partien wurden auch gespielt.

Seite 76: Der Franzose Georges-Louis Leclerc de Buffon stellte im Jahr 1777 folgende Aufgabe: Wenn man eine kurze Nadel auf liniertes Papier fallen lässt, wie groß ist dann die Wahrscheinlichkeit, dass die Nadel so liegen bleibt, dass sie eine der Linien kreuzt?

Hinweis: Die Nadel hat die Länge l, der Abstand der Linien ist d (l≤d).

Die Schwierigkeit der Aufgabe besteht darin, dass die Nadel in unterschiedlichen Winkeln und Abständen zu den

Linien zum Liegen kommen kann. Doch die Sache ist am Ende doch einfacher, als man zunächst denkt, weshalb der Beweis auch in »Das BUCH der Beweise« aufgenommen wurde (siehe Seite 73).

Nehmen wir an, dass die Nadel mit positiver Steigung in einem Winkel α zu den gedruckten Linien zu liegen kommt. Dann müssen wir nur die Fälle $0 \leq \alpha \leq \frac{\pi}{2}$ untersuchen. Wenn die Nadel im Winkel α zu den Linien liegt, dann hat sie eine Höhe von l $\sin\alpha$. Die Wahrscheinlichkeit, dass die Nadel eine Linie kreuzt, ist dann $\frac{1}{d}\sin\alpha$. Der Mittelwert von $\frac{1}{d}$ $\sin\alpha$ über alle möglichen Winkel α zwischen 0 und $\frac{\pi}{2}$ ist dann genau die gesuchte Gesamtwahrscheinlichkeit.

$$p = \frac{2}{\pi} \int_0^{\frac{\pi}{2}} \frac{1}{d} \sin\alpha \, d\alpha$$

$$p = \frac{2l}{\pi d} \int_0^{\frac{\pi}{2}} \sin\alpha \, d\alpha$$

$$p = \frac{2l}{\pi d} \left. (-\cos\alpha) \right|_0^{\frac{\pi}{2}} = \frac{2}{\pi} \frac{1}{d}$$

$$p = \frac{2}{\pi} \frac{1}{d}$$

Weil die Zahl Pi in der Formel auftaucht, kann man das Nadel-Experiment von Buffon auch zur Bestimmung eines ungefähren Werts von Pi benutzen. Man muss nur häufig genug eine Nadel werfen und durchzählen, wie oft diese eine Linie gekreuzt hat. Bei N Versuchen und P Treffern sollte $\frac{P}{N}$ etwa $\frac{2}{\pi} \frac{1}{d}$ entsprechen. Woraus folgt: $\pi = \frac{2lN}{dP}$

Seite 83: Gegeben sind zwei natürliche Zahlen x und y, wobei x größer als y sein soll. Ist x^8-y^8 durch x-y teilbar?

Ja! Um das zu beweisen, brauchen wir die binomische Formel $(a+b)(a-b)=a^2-b^2$. Damit zerlegen wir nun x^8-y^8:

$x^8-y^8=(x^4-y^4)(x^4+y^4)$

$x^8-y^8=(x^2-y^2)(x^2+y^2)(x^4+y^4)$

$x^8-y^8=(x-y)(x+y)(x^2+y^2)(x^4+y^4)$

Damit haben wir die Zahl in vier Faktoren zerlegt, die sämtlich natürliche Zahlen größer als null sind, denn x soll ja größer als y sein. Einer der Faktoren ist die gesuchte Zahl (x-y).

Seite 88: Haben Sie bei dem Witz über den Mathematiker, der zur eigenen Beruhigung eine Bombe mit ins Flugzeug nimmt, auch etwas gestutzt? Würde ein Mathematiker das wirklich tun? Oder steckt ein Denkfehler dahinter?

Ja, der Witz mag lustig sein, mathematisch gesehen ist er jedoch unsinnig. Denn sollte der Mathematiker mit einer Bombe im eigenen Gepäck tatsächlich die Sicherheit erhöhen, dann müsste seine Aktion die Wahrscheinlichkeit verringern, dass ein Terrorist mit einer Bombe im Gepäck denselben Flug nimmt. Das ist jedoch unmöglich, denn der Mathematiker kann nicht auf Entscheidungen von Terroristen einwirken, sofern er nicht mit diesen unter einer Decke steckt. In der Wahrscheinlichkeitsrechnung spricht man von unabhängigen Ereignissen. Wer eine Sechs gewürfelt hat, verringert dadurch nicht die Wahrscheinlichkeit, dass im nächsten Wurf wieder eine Sechs fällt.

Seite 90: Kennen Sie das Ziegenproblem? Der Klassiker aus der Wahrscheinlichkeitsrechnung sorgt immer wieder für hitzige Diskussionen. Selbst Mathematiker geben mitunter die falsche Lösung an. Worum geht es? In einem TV-Studio sind drei Türen aufgebaut. Hinter einer steht ein Auto – der mögliche Gewinn, hinter den anderen beiden warten je eine Ziege – die Nieten. Der Kandidat wählt eine Tür, die aber zunächst verschlossen bleibt. Stattdessen öffnet der Moderator eine der beiden anderen Türen, und zwar eine, hinter der eine Ziege steht. Nun bietet der Moderator dem Kandidaten an, dass er sich auch noch für die dritte, bislang unbeachtete Tür entscheiden kann. Soll der Kandidat dies tun?

Im ersten Moment fragt man sich: Warum ein Wechsel? Die Wahrscheinlichkeit, die richtige Tür zu erwischen, ist $\frac{1}{3}$. Das ändert sich auch nicht, wenn man sich noch mal umentscheidet. Doch das ist ein Trugschluss. Um das zu verstehen, brauchen wir nur folgende drei Fälle zu unterscheiden:

- Hinter der vom Kandidaten ausgewählten Tür – wir nennen sie Tür 1 – steht tatsächlich das Auto. Würde der Kandidat seine Auswahl ändern, wäre der Gewinn verloren.
- Das Auto steht hinter Tür 2. Der Moderator öffnet Tür 3 mit der Ziege dahinter, ein Wechsel von Tür 1 zu Tür 2 brächte den Gewinn. Ohne Wechsel geht der Kandidat leer aus.
- Das Auto steht hinter Tür 3. Der Moderator öffnet Tür 2. Der Wechsel von Tür 1 zu Tür 3 bringt den Gewinn, ohne Wechsel geht der Kandidat leer aus.

Fassen wir das Ergebnis zusammen: Der Wechsel führt in $\frac{2}{3}$ der Fälle zum Erfolg, ein Beharren auf Tür 1 nur in $\frac{1}{3}$ der Fälle. Der Wechsel verdoppelt also die Gewinnchancen!

Seite 95: Ist die Zahl 999.999 durch 1001 teilbar? Sie brauchen für die Lösung keinen Taschenrechner.

Ja! Entweder, Sie zerlegen die Zahl in die Summe aus 999.000 und 999, womit die Lösung schon dasteht: $(1000+1) \cdot 999$. Oder aber, Sie haben erkannt, dass $(10^6-1) = (10^3+1)(10^3-1) = 1001 \cdot 999$ ist.

Seite 99: An einer exklusiven Kreuzfahrt nehmen 100 Touristen teil. 75 von ihnen können Englisch, 83 sprechen Französisch. 10 der Teilnehmer sprechen weder Englisch noch Französisch. Wie viele der Touristen sprechen sowohl Englisch als auch Französisch?

Entweder Englisch oder Französisch (oder beides) sprechen $100-10=90$ Personen. 83 von ihnen können Französisch. Die verbleibenden 7 $(=90-83)$ müssen zur Gruppe der Englischsprechenden gehören. Diese 7 sprechen ausschließlich Englisch. Damit sind es genau $75-7=68$ Touristen, die beide Sprachen beherrschen.

Seite 104: Julia hat zu ihrem Geburtstag Gäste eingeladen. Ihre Mutter hat Mandarinen besorgt und möchte sie unter den Kindern verteilen. Wenn jedes Kind zwei Mandarinen erhält, dann bleiben vier Mandarinen übrig. Wenn jeder drei Mandarinen erhalten sollte, dann würden drei Mandarinen fehlen. Wie viele Gäste hat Julia eingeladen? Wie viele Mandarinen hat die Mutter besorgt?

Wenn n die Anzahl der Kinder ist und m die der Mandarinen, dann kann man folgende zwei Gleichungen aufstellen:

2n+4=m

3n=m+3

Daraus folgt

3n-3=2n+4

n=7

Die Mutter teilt die Mandarinen also unter 7 Kindern auf. Julia hat deshalb 6 Gäste eingeladen, denn sie ist ja auch ein Kind. Die Zahl der Mandarinen ergibt sich durch Einsetzen von n=7 in die erste Gleichung: m=18.

Seite 109: Ist die Zahl 333333333333333332 durch 4 teilbar?

Ja, denn es kommt allein darauf an, dass die aus den letzten beiden Ziffern gebildete Zahl, hier also 32, durch 4 teilbar ist. Die Zahl 100 und damit auch alle ganzzahligen Vielfachen von ihr kann man stets ohne Rest durch 4 dividieren. Weil 32 und 333333333333333300 durch 4 teilbar sind, gilt das auch für ihre Summe.

Seite 115: Gegeben sei ein konvexes Viereck mit den Seitenlängen a, b, c, d und den Diagonalenlängen e und f. Die Größe u=a+b+c+d ist dann der Umfang des Vierecks. Beweisen Sie: u<2(e+f)<2u.

Der Beweis nutzt die Tatsache, dass zwei Seiten eines Dreiecks immer größer als die dritte sind. e und f kreuzen sich im Innern des Vierecks, dadurch entstehen die Teilstücke der Diagonalen e_1, e_2, f_1, f_2.

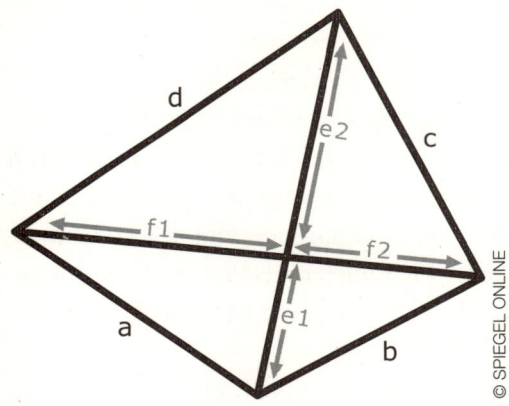

Dann gelten folgende Ungleichungen:

$f_1+e_1>a$; $f_2+e_1>b$; $f_2+e_2>c$; $f_1+e_2>d$

Addiert man diese vier Ungleichungen zusammen, erhält man:

$a+b+c+d<2(e_1+e_2+f_1+f_2)$

$a+b+c+d<2(e+f)$

Außerdem gelten: $a+b>f$; $d+c>f$; $a+d>e$; $b+c>e$

Auch diese vier Ungleichungen addieren wir zusammen:

$2(e+f)<2(a+b+c+d)$

Damit ist der Beweis erbracht.

Seite 120: Ein Radsportler will eine zehn Kilometer lange Strecke mit einer Durchschnittsgeschwindigkeit von 40 km/h fahren. Die ersten fünf Kilometer führen bergauf. Auf dem Gipfel stellt der Fahrer fest, dass er bis dorthin mit nur durchschnittlich 20 km/h unterwegs war. »Macht nichts«, sagt er sich, »dann fahre ich bergab eben 60«.

a) Welche Durchschnittsgeschwindigkeit hat er auf der gesamten Strecke dann tatsächlich erreicht?

b) Wie schnell hätte er bergab fahren müssen, um die anvisierte Durchschnittsgeschwindigkeit zu erreichen?

a) Wenn der Fahrer die ersten 5 Kilometer mit 20 km/h zurücklegt, braucht er dafür genau 15 Minuten. Für die zweiten 5 Kilometer mit 60 km/h benötigt er nur 5 Minuten – macht für die 10 Kilometer zusammen 20 Minuten. Seine Durchschnittsgeschwindigkeit ist deshalb nicht 40, sondern nur 30 km/h.

b) Der Fahrer hätte unendlich schnell sein müssen! Denn wenn er 10 Kilometer mit 40 km/h fahren will, würde dies 15 Minuten dauern. Nach exakt 15 Minuten kommt er aber erst auf dem Berggipfel an, da er bis dahin ja mit nur 20 km/h unterwegs war.

Seite 125: Im Würfelbecher sind zwei Würfel. Ist die Wahrscheinlichkeit für zwei Sechsen genauso groß wie jene für eine Sechs und eine Fünf?

Nein, die Wahrscheinlichkeiten sind verschieden groß. Für zwei Sechsen beträgt sie $\frac{1}{6} \cdot \frac{1}{6} = \frac{1}{36}$. Im Falle von Fünf und Sechs ist die Wahrscheinlichkeit mit $\frac{2}{36}$ doppelt so groß, weil man zwei Fälle unterscheiden muss: Würfel A=5, Würfel B=6 und Würfel A=6, Würfel B=5, die mit je $\frac{1}{36}$ eintreten.

Seite 131: Eine Treppe hat zehn Stufen. Auf jeder Stufe liegen viele Erbsen. Ganz oben wird eine Erbse in Bewegung gesetzt und rollt über die Kante. Jede Erbse, die einmal rollt, rollt bis ganz unten. *Jedes Mal, wenn eine Erbse über eine Kante rollt, setzt sie auf der nächsten Stufe zusätzlich zwei weitere Erbsen in Bewegung. Wie viele Erbsen kommen unten an?*

Von der zehnten auf die neunte Stufe fällt eine Erbse, drei rollen auf die achte. Auf die siebte rollen bereits neun, auf die sechste 27. Die Zahl der Erbsen verdreifacht sich also von Stufe zu Stufe. Ganz unten unterhalb der ersten Stufe kommen deshalb 3^9 Erbsen an.

Seite 136: Beweisen Sie, dass die Summe der Innenwinkel im Dreieck 180 Grad ist.

Es gibt verschiedene Möglichkeiten für den Beweis. Eine sehr anschauliche Variante ist die folgende: Stellen Sie sich vor, Sie stehen an einem Eckpunkt und laufen von dort zur nächsten Ecke, von da zur dritten und von dort wieder zurück zum Ausgangspunkt. Was passiert dabei? Sie machen eine 360-Grad-Drehung. Diese Drehung können Sie in drei Teildrehungen zerlegen: Am ersten Winkel α biegen Sie 180 minus α ab, am zweiten Winkel β sind es 180 minus β, am dritten 180 minus γ. Daraus folgt:
$360 = 3 \cdot 180 - (\alpha + \beta + \gamma)$ oder $\alpha + \beta + \gamma = 180$.

Seite 143: Nina, Lilly und Anna starten gleichzeitig zum 400-Meter-Lauf. Als Nina das Ziel erreicht, hat Lilly noch genau 20 Meter zu laufen. Lilly überquert die Ziellinie als Zweite, in diesem Moment hat Anna noch exakt 20 Meter zu laufen. Wie weit war Anna noch vom Ziel entfernt, als Nina das Ziel erreichte?

(Wir nehmen an, dass alle drei Genannten die gesamte Strecke mit konstanter Geschwindigkeit durchlaufen haben.)

Die Geschwindigkeiten von Nina, Lilly und Anna sind v_1, v_2 und v_3. Die drei laufen die 400 Meter in den Zeiten t_1, t_2 und t_3. Dann gilt Folgendes:

$$v_1 = \frac{400\text{m}}{t_1}$$

$$v_2 = \frac{400\text{m}}{t_2} = \frac{380\text{m}}{t_1}$$

$$v_3 = \frac{400\text{m}}{t_3} = \frac{380\text{m}}{t_2}$$

Jetzt rechnen wir aus, in welcher Zeit Lilly als Zweite das Ziel erreicht:

$$t_2 = t_1 \cdot \frac{400}{380} = t_1 \cdot \frac{19}{20t_1}$$

Daraus ergibt sich

$$v_3 = 380\text{m} \cdot \frac{19}{20t_1} = \frac{19^2}{t_1}\text{m}$$

Um auszurechnen, wie weit die Dritte (Anna) während der Zeit t_1 gelaufen ist, in der Nina das Ziel erreicht, nutzen wir die Gleichung Weg=Geschwindigkeit·Zeit ($s=vt$).

$$s_3 = v_3 \cdot t_1 = 19^2\text{m} = 361\text{m}$$

Zieht man diese 361 Meter von den 400 ab, kommt man auf einen Rückstand von 39 Metern, den Anna gegenüber Nina hatte, als diese das Ziel erreichte.

Seite 147: Sabine hat einen neuen Stundenplan für Montag bis Donnerstag bekommen. An jedem Tag hat sie vier Stunden Unterricht. Die Fächer Deutsch (D), Englisch (E), Fran-

zösisch (F), Mathematik (M) sowie Naturwissenschaft (N) sind so verteilt, dass an jedem Tag vier verschiedene Fächer unterrichtet werden. Außerdem ist der Stundenplan zweier naufeinander folgender Tage stets unterschiedlich. Es gelten folgende Regeln: Mathematik und Naturwissenschaft werden nie am selben Tag unterrichtet. An Tagen mit Deutschunterricht ist das erste Fach Englisch. An Tagen mit Mathematikunterricht folgt immer eine Französischstunde auf Mathematik, an den anderen Tagen hat Sabine stets Deutsch in der vierten Stunde. Wie sieht ihr Stundenplan für Donnerstag aus, wenn an den ersten drei Tagen dasselbe Fach in der vierten Stunde unterrichtet wird?

D, E und F müssen jeden Tag unterrichtet werden, weil stets entweder M oder N auf dem Stundenplan steht. Da an Tagen mit D das erste Fach immer E ist, steht E an allen vier Tagen als erste Stunde auf dem Plan. Welche der verbleibenden vier Fächer kommen als vierte Stunde überhaupt in Frage? Weil auf M immer F folgt, auf keinen Fall M. Und auch N nicht, denn an Tagen mit N (wenn kein M gegeben wird), ist Stunde vier stets D. Als vierte Stunden sind deshalb nur F und D möglich. Nun unterscheiden wir zwei Fälle für die vierte Stunde an den ersten drei Tagen, die ja laut Aufgabe immer gleich sein soll: Entweder ist dies F (Fall 1) oder D (Fall 2). Im Fall 1 existiert keine Lösung, denn es wäre dann unvermeidlich, dass an den ersten drei Tagen stets dieselben Stunden in identischer Reihenfolge auf dem Plan stünden (E D M F), was jedoch nicht erlaubt ist. Im Fall 2 ist Donnerstag der M-F-Tag. Der Stundenplan an diesem Tag lautet E D M F (D darf nicht vierte Stunde sein!). Dies ist auch die gesuchte Lösung, denn N und F lassen sich an den ersten drei Tagen so legen, dass der Plan aufeinander folgender Tage stets verschieden ist (zum Beispiel Montag E N F D, Dienstag E F N D, Mittwoch E N F D).

Seite 155: Sie spielen Roulette und setzen einen Euro auf Schwarz. Mit welchem Gewinn dürfen Sie im Mittel rechnen?

(Das Roulettespiel besteht aus 37 Feldern, von denen 18 schwarz sind. Wenn die Kugel tatsächlich auf eine schwarze Zahl fällt, bekommen Sie von der Bank den doppelten Einsatz.)

Es müssen zwei Fälle unterschieden werden:

1) Die Kugel fällt tatsächlich auf Schwarz, und Sie gewinnen zwei Euro. Die Wahrscheinlichkeit dafür ist $\frac{18}{37}$, denn inklusive der Null kann die Kugel in 37 Feldern landen, von denen nur 18 schwarz sind.

2) Die Kugel fällt auf Rot oder auf die grüne Null. Sie gewinnen nichts. Die Wahrscheinlichkeit dafür ist $\frac{19}{37}$.

Daraus folgt: Der zu erwartende Gewinn beträgt

2 Euro $\cdot \frac{18}{37}$ + 0 Euro $\cdot \frac{19}{37}$ = $\frac{36}{37}$ Euro (= 0,97 Euro). Er ist damit geringer als der Einsatz von einem Euro, was allerdings nicht verwunderlich ist, denn das Spielcasino will ja schließlich auch Geld verdienen.

Seite 160: Steigt Ihre Lebenserwartung, wenn Sie älter werden?

Ja, auch wenn es paradox klingt. Denn Todesfälle durch

Krankheit in jungen Jahren und unnatürliche Ursachen wie Unfälle fließen in die Berechnung mit ein. Je älter man ist, umso mehr Gleichaltrige sind dann bereits gestorben. Statistisch gesehen, steigt deshalb die Lebenserwartung mit zunehmendem Alter.

Seite 166: Eine Buchhalterin möchte für Ihre Geburtstagsfeier Wein kaufen. Beim Weinhändler gibt es zwei ihrer Lieblingssorten. Bei der einen Sorte kostet jede Flasche 3,50 Euro, bei der anderen 7,50 Euro. Die Buchhalterin möchte von jeder dieser Sorten mindestens eine Flasche kaufen, andere Sorten aber nicht. Insgesamt will sie genau 75 Euro für den Wein ausgeben. Welche Varianten hat sie?

Wenn die Frau a Flaschen für 3,50 Euro und b für 7,50 Euro kauft, dann muss gelten $a \cdot 3,5 + b \cdot 7,5 = 75$. Wegen der krummen Preise für beide Weinsorten müssen a und b entweder beide ungerade oder beide gerade sein. Betrachten wir zuerst den zweiten Fall: $a = 2x$ und $b = 2y$. Dies setzen wir in die Gleichung ein und erhalten $7x + 15y = 75$. Weil 75 und 15y durch 5 teilbar sind, muss auch 7x durch 5 teilbar sein, was nur der Fall ist, wenn dies auch für x gilt. x muss also mindestens 5 sein oder ein Vielfaches davon. In den Fällen $x = 5$ und $x = 10$ gibt es jedoch keine ganzzahlige Lösung für y, im Fall $x \geq 15$ ist die Gleichung nur noch für negative y lösbar. Deshalb existiert gar keine Lösung, bei der a und b gerade sind.

Nun zum Fall, dass beide Zahlen ungerade sind, also $a = 2x+1$ und $b = 2y+1$. Dies ergibt: $7x + 3,5 + 15y + 7,5 = 75$ beziehungsweise $7x + 15y = 64$. Wir schauen nun, ob für y=1,2,3 oder 4 Lösungen existieren (Falls y≥5 ist, müsste x negativ sein, was nicht erlaubt ist). Die einzige mögliche Lösung lautet x=7 und y=1. Die Buchhalterin muss also 15 Flaschen für 3,50 Euro und 3 Flaschen für 7,50 Euro kaufen.

Seite 170: Der Neuwagen kostet eigentlich 10.000 Euro, doch für zwei Tage erlässt der Händler die Mehrwertssteuer von 19 Prozent. Wie viel kostet das Auto dann?

Es sind 8403,36 Euro. Dieses Ergebnis erhält man, wenn man 10.000 einfach durch 1,19 dividiert. Machen Sie nicht den Fehler, 19 Prozent von 10.000 zu berechnen und davon abzuziehen. Denn der Preis von 10.000 entspricht 119 Prozent des Preises ohne Mehrwertsteuer.

Seite 175: Wenn die Quersumme einer Zahl durch 9 teilbar ist, ist dann auch die Zahl selbst durch 9 teilbar? Falls ja, warum?

Ja, in der Tat verrät die Quersumme die Teilbarkeit. Weshalb? Jede Zehnerpotenz 10^n lässt bei der Division durch 9 den Rest 1, denn wenn man von 10^n 1 abzieht, erhält man eine Zahl, die nur aus Neunen besteht, also auch durch 9 teilbar ist. Damit ist der Beweis auch schon so gut wie fertig, denn in der Quersumme werden alle Reste sämtlicher Zehnerstellen in Bezug auf eine Division durch 9 addiert. Beispiel: $1345 = 1 \cdot 10^3 + 3 \cdot 10^2 + 4 \cdot 10^1 + 5 \cdot 10^0$. Der erste Summand lässt den Rest 1, der zweite $3 \cdot 1$, der dritte $4 \cdot 1$ und der vierte $5 \cdot 1$, zusammen also 13. 1345 ist deshalb nicht durch 9 teilbar.

Quellenangaben

Die Knobelaufgaben stammen vom Verein Mathematik-Olympiaden e.V. (mathematik-olympiaden.de – vielen Dank für die Erlaubnis zur Nutzung!), aus dem »BUCH der Beweise« von M. Aigner und G. Ziegler und von mir selbst.

Zitate zum Thema Mathematik habe ich dem SPIEGEL, SPIEGEL ONLINE, dem Mathematical Quotation Server der Furman University und der Webseite mathematik.de entnommen, die von der Deutschen Mathematiker Vereinigung (DMV) betrieben wird.

Die Ideen für die Witze stammen von diversen Webseiten im Internet.

Ich kann die Lösung sehen!
Die ersten beiden Beispielaufgaben werden auf der Webseite mathematik.de der DMV vorgestellt.

Die Zählkünste von Mensch und Tier
Hans J. Gross, Mario Pahl, Aung Si, Hong Zhu, Jürgen Tautz, Shaowu Zhang: »Number-based visual generalisation in the honeybee«, PLoS ONE 4(1): e4263, (28. Januar 2009), DOI: 10.1371/journal.pone.0004263

Fünfjährige rechnen mit dem Bauch
Camilla K. Gilmore, Shannon E. McCarthy, Elizabeth S. Spelke:
»Symbolic arithmetic knowledge without instruction«, Nature
447, S. 589-591 (31. Mai 2007), DOI: 10.1038/nature05850
Material der Nachrichtenagentur ddp

Warum die meisten Zahlen mit 1 beginnen
Norbert Hungerbühler: »Benfords Gesetz über führende Ziffern: Wie die Mathematik Steuersündern das Fürchten lehrt«,
http://www.educ.ethz.ch/lehrpersonen/mathematik/unter-
richtsmaterialien_mat/analysis/benford/

Verräterische Lieblingszahlen
Projekt Lieblingszahlen der Universität Hamburg,
http://www.liezah.uni-hamburg.de/

Die erstaunliche Karriere der Zahl 23
Robert Shea, Robert Anton Wilson: Illuminatus!-Trilogie
»23 – Nichts ist so wie es scheint« (Film von Hans-Christian
Schmid über den Hacker Karl Koch)

Orientalische Muster und moderne Geometrie
Peter J. Lu, Paul J. Steinhardt: »Decagonal and Quasi-Crys-
talline Tilings in Medieval Islamic Architecture«, Science
315, S. 1106–1110 (23. Februar 2007), DOI: 10.1126/sci-
ence.1135491

Das Mysterium Pi
Ephraim Fischbach, Shu-Ju Tu: »A Study on the Randomness of

the Digits of π«, International Journal of Modern Physics C, Bd. 16, 02, S. 281-294 (2005), DOI: 10.1142/S0129183105007091

Der optimierte U-Bahn-Fahrplan
TU Berlin, Zuse-Institut Berlin, DFG-Forschungszentrum Matheon: Projekt Service Design im öffentlichen Transport
http://www.zahlenwissen.mmcd.de/index.php?rid=49

Die Rechentricks der Zahlengenies
Gert Mittring: »In 11,6 Sekunden die 13. Wurzel ziehen«, SPIEGEL ONLINE (20.12.2004), http://www.spiegel.de/wissenschaft/mensch/0,1518,333380,00.html

Schönheit, Mathematik und Kunst
Martin Aigner, Günter M. Ziegler: »Das BUCH der Beweise«, Springer Verlag 2001

Google rechnet mit Milliarden Unbekannten
Sergey Brin, Lawrence Page: »The Anatomy of a Large-Scale Hypertextual Web Search Engine«, http://infolab.stanford.edu/~backrub/google.html
Markus Sobek: »Der PageRank-Algorithmus«, http://pr.efactory.de/d-pagerank-algorithmus.shtml

Schneller warten
TU Clausthal: Warteschlangentheorie
http://www.stochastik.tu-clausthal.de/Presse/Schulen/Grundmodell

Die Jagd nach immer größeren Primzahlen
Deutsche Gimps-Seite: http://prime.haugk.co.uk/

Das Jeder-kennt-jeden-Gesetz
Jure Leskovec, Eric Horvitz: »Planetary-Scale Views on a Large Instant-Messaging Network«, Proceedings of WWW 2008, Beijing, China, April 2008

Mädchen rechnen genauso gut wie Jungs
Janet S. Hyde, Sara M. Lindberg, Marcia C. Linn, Amy B. Ellis, Caroline C. Williams: »Gender Similarities Character-ize Math Performance«, Science 321, No. 5888, S. 494-495 (25. Juli 2008), DOI: 10.1126/science.1160364
Material der Nachrichtenagentur AP

Tief in uns schlummert der Logarithmus
Stanislas Dehaene, Véronique Izard, Elizabeth Spelke, Pierre Pica: »Log or Linear? Distinct Intuitions of the Number Scale in Western and Amazonian Indigene Cultures«, Science 320, No. 5880, S. 1217-1220 (30. Mai 2008), DOI: 10.1126/science.1156540

Rechnen wie die Azteken
Barbara J. Williams, María del Carmen Jorge y Jorge: »Az-tec Arithmetic Revisited: Land-Area Algorithms and Acolhua Congruence Arithmetic«, Science 320, No. 5872, S. 72-77 (4. April 2008), DOI: 10.1126/science.1153976

Die Mathematik des Bergsteigens
Marcos Llobera, Tim Sluckin: »Zigzagging: theoretical insights on climbing strategies«, Journal of Theoretical Biology, 249, (2), 206-217 (2007, DOI: 10.1016/j.jtbi.2007.07.020

Der Fußballgott würfelt
Material der Presseagentur DPA

Die Mathematik der Schildkrötenrolle
Gömböc: http://www.gomboc.eu/

Rätsel des Möbiusbands gelöst
Eugene Starostin, Gert van der Heijden: »The shape of a Möbius strip«, Nature Materials 6, 563-567 (15. Juli 2007), DOI: 10.1038/nmat1929

Sportler ringen mit der Exponentialfunktion
Geoffroy Berthelot, Valérie Thibault, Muriel Tafflet, Sylvie Escolano, Nour El Helou, Xavier Jouven, Olivier Hermine, Jean-François Toussain: » The Citius End: World Records Progression Announces the Completion of a Brief Ultra-Physiological Quest«, PLoS ONE 3(2): e1552 (2008), DOI:10.1371/journal.pone.0001552

Die hohe Schule des Sudoku
Agnes M. Herzberg, M. Ram Murty: »Sudoku Squares and Chromatic Polynomials«,«Notices of the American Mathematical Society« (Juni/Juli 2007), http://www.ams.org/notices/200706/

Der rätselhafte Mittelalter-Code
Andreas Schinner: »The Voynich Manuscript: Evidence of the Hoax Hypothesis«, Cryptologia, Bd. 31, No 1, S. 95-107 (2007), DOI: 10.1080/01611190601133539
Material der Nachrichtenagentur ddp

Die Sterne lügen
David Voas: »Ten Million Marriages: An Astrological Detective Story«, Skeptical Inquirer, Volume 32, Number 2, March/April 2008

Geheimcode-Suche in Bachs Sonaten
Helga Thoene: »Sonata a-Moll. Eine wortlose Passion.«, Dr. Ziethen Verlag 2005

Was Falschparken über Korruption verrät
Raymond Fisman, Edward Miguel: »Cultures of Corruption: Evidence From Diplomatic Parking Tickets«, NBER Working Paper No. 12312, June 2006
http://www.nber.org/papers/w12312

Die Simpsons haben's gut
Simpsons-Homepage http://www.thesimpsons.com/

Die Grenzen der Mathematik
Erhard Behrends, Peter Gritzmann, Günter Ziegler (Hrsg): »Pi und Co.«, Springer Verlag 2008
Hardwig Dorsch: »Ist Mathematik grenzenlos?«, Spektrum Spezial 2/08 S.70

Personenregister
(Die fett gesetzten Seitenzahlen verweisen auf Zitate)

Sachregister

(Die kursiv gesetzten Zahlen verweisen auf Glossar-Einträge)